KB070662

AI 시대 자녀교육, 사람다움이 답이다

AI 시대 자녀교육, 사람다움이 답이다

초 판 1쇄 2023년 01월 18일

지은이 김민철
펴낸이 류종렬

펴낸곳 미다스북스
총괄실장 명상완
책임편집 이다경
책임진행 김가영, 신은서, 임종익, 박유진

등록 2001년 3월 21일 제2001-000040호
주소 서울시 마포구 양화로 133 서교타워 711호
전화 02) 322-7802~3
팩스 02) 6007-1845
블로그 http://blog.naver.com/midasbooks
전자주소 midasbooks@hanmail.net
페이스북 https://www.facebook.com/midasbooks425
인스타그램 https://www.instagram/midasbooks

© 김민철, 미다스북스 2023, *Printed in Korea*.

ISBN 979-11-6910-133-2 03590

값 15,000원

※ 파본은 본사나 구입하신 서점에서 교환해드립니다.
※ 이 책에 실린 모든 콘텐츠는 미다스북스가 저작권자와의 계약에 따라 발행한 것이므로 인용하시거나 참고하실 경우 반드시 본사의 허락을 받으셔야 합니다.

미다스북스는 다음세대에게 필요한 지혜와 교양을 생각합니다.

급변하는 시대, 흔들리지 않는 아이로 키우기

AI시대 자녀교육, 사람다움이 답이다

김민철 지음

미다스북스

프롤로그

AI 시대, 내 아이 잘 키우고 싶은데 변화가 불안한 부모님들께

저는 두 아이 아빠이자 집과 교실에서 매일 아이들과 함께 성장하고 있는 초등학교 교사입니다. 학원, 대안학교, 사립 초등학교, 국공립 초등학교 등 10년 넘게 다양한 장소에서 가르치는 일을 했지만 최근 몇 년은 가장 어렵고 혼란스러웠던 시기였습니다. 전 세계적으로 유행한 코로나로 인해 교사와 학생, 학부모가 소통하기 더 어려워졌습니다. 변화의 속도도 빨라져 즉각적으로 대응하기 어려운 문제들도 많아졌습니다. 소통이 불통이 되지 않고 싶었습니다. 그래서 더 많은 분들과 지식을 공유하고 고민을 함께 나누고자 유튜브 채널, 인스타그램 등의 SNS도 개설하게 되었습니다.

아이를 키우고 있는 많은 부모와 이야기를 나누면서 느낀 점은 궁금한 부분과 고민을 해소할 만한 장소가 많지 않다는 것이었습니다. 아이의 문제를 털어놓고 싶은데 담임 교사에게 물어보려니 조심스럽다는 분들도 있었고, 아이의 학교생활에 대해 고민이 있는데 물어볼 데가 많지 않다는 분들도 있었습니다. 게다가 AI 시대를 앞두고 교육 과정도 바뀐다고 하니 혼란스럽고 불안하기까지 합니다.

이 책은 AI 시대, 아이들을 어떻게 키우면 좋을지 고민이 담긴 질문과 그에 대한 해답을 기술했습니다. 시대적 변화와 아이 교육 문제로 불안한 부모님들께 마음의 안정을 드리고자 합니다. 모든 아이 키우는 부모들은 느꼈겠지만 나를 바라보는 아이의 눈 속에서 반짝반짝 빛나는 보석을 발견한 기쁨은 말로 설명할 수 없습니다. 물론 아이를 바라보며 찾아왔던 기쁨이 사라진 뒤 정신을 차려보면 어느새 칫솔을 들고 아이 방 앞에 서 있는 저를 발견합니다. 오늘은 양치를 안 하겠다는 아이와 신경전을 벌이면서….

이 책을 만드는 데 큰 도움을 주신 미다스북스 명상완 실장님과 이다경 편집장님께 깊은 감사를 드립니다. 그리고 책을 쓰느라 주말과 퇴근시간 이후 혼자 방에 틀어박히는 것을 허락해준 아내와 지유, 시유에게도 고마움을 전합니다. 다가오는 AI 시대, 내 아이를 정말 잘 키우고 싶은, 저와 같이 유초등 자녀를 둔 부모님들께 이 책이 진정으로 도움이 되면 좋겠습니다.

목차

- 2부 -

입학부터 졸업까지

1장. 우리 아이 초등 6년을 결정하는 입학 준비 시기

2장. 기초를 다지는 초등 저학년 시기

3장. 초등학교에서 가장 중요한 중학년 시기

4장. 몸도 마음도 쑥쑥 자라는 초등 고학년 시기

1부

급변하는 시대, 부모로서 어떤 준비를 해야 할까?

변화? AI? 일단 알겠는데… 그래서 어쩌라는 걸까요? 내 아이를 잘 키우고 싶은 부모로서 어떤 준비를 해야 아이의 미래에 도움이 될지 이야기해보고자 합니다.

1장

스마트폰을 뛰어넘는 초스마트한 아이들로 준비시키기

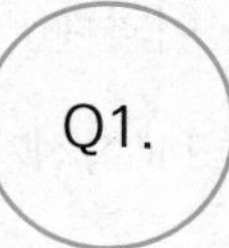

AI 시대에 살아갈 우리 아이, 변화에 대비하려면?

"오늘날의 학생을 어제의 방식으로 가르치는 것은 그들의 내일을 빼앗는 것이다."

– 존 듀이, 실용주의 교육학자

미래 사회의 키워드는 4차 산업 혁명, 기후 위기, 그리고 포스트 코로나로 요약할 수 있습니다. AI와 디지털 혁명이라고도 할 수 있는 4차 혁명, 무분별한 개발과 자연 훼손으로 인한 기후 위기, 인류 전체를 위협한 전염병으로 인해 마스크 착용, 거리두기 등 새롭게 생겨난 언택티드 문화 등 많은 변화가 있었습니다. 이와 관련된 미래 교육의 키워드로는 온라인과 오프라인 수업의 병행, 고교학점제, AI를 활용한 교육, 개별화 교육 등입니다.

대학이 점점 사라집니다

온라인과 오프라인 수업을 병행하면서 교육하는 대표적인 모델은 미네르바대학입니다. 온라인과 오프라인 공간에서 학습하고 전 세계 현장을 캠퍼스로 활용하는 학교입니다. 아이들은 갈수록 디지털 세상과 온라인 수업을 자주 접하게 될 것입니다.

2025년부터 본격적으로 시행하는 고교학점제 또한 학교 교육에 많은 변화를 가져올 것입니다. 앞으로는 지금까지의 교육 방식만으로는 부족할 것이라고 예상합니다. 사회의 변화와 교육은 서로 긴밀한 영향을 주고받기 때문입니다.

문명의 발달 속도가 이전까지는 더하기로 증가했다면 앞으로는 곱하기로 증가할 것입니다. 이에 따른 혼란도 많을 것입니다. 빠른 변화로 인해 앞으로 어떤 일들이 벌어지게 될지 정확하게 예측하기 어렵기 때문입니다.

미래에 어떤 직업이 새로 생길지, 어떤 대비를 해야 할지 묻는다면 솔직한 대답은 "확실하지 않다."입니다. 그런데 이런 불확실성 때문에 오히려 미래 교육의 목적은 더 분명해집니다. 일단 첫 단추는 해오던 것을 하지 않아야 한다는 것입니다. 더 이상 교육의 목적을 대학 입시나 의사, 변호사와 같은 특정 직업을 얻어 취업하는 것에 두지 않아야 합니다.

변화는 더 빨라질 것입니다

과거 학교는 지식을 전달하는 곳이었습니다. 교사는 지식을 전달하는 사람이었죠. 현재 학교 교육의 표준적인 모델은 산업 혁명까지 거슬러 올라갑니다.

이전까지 농사를 지어 자급자족을 하거나 소규모 시장을 통해 물건을 교환했던 사람들은 획기적인 발명품들과 기술의 발달에 힘입어 공장을 지었고 우리는 이런 급격한 변화를 2차 혁명 또는 산업 혁명이라고도 불렀습니다. 산업 혁명 이후 공장을 운영하는 공장 주인들은 물건을 대량으로 생산하는 것을 도와줄 노동력이 필요했습니다.

이 시기를 대표하는 사람이 바로 헨리 포드입니다. 우리에게는 자동차 왕으로도 알려져 있죠. 헨리 포드 이전에도 공장은 있었지만 대부분 단순하고 균일한 물건만 만들 수 있는 공장이었습니다. 유리를 만드는 공장, 고무를 만드는 공장처럼 한 가지 물건만 만들 수 있었죠. 헨리 포드는 자동차를 만들어내는 공장이 필요했습니다. 그래서 고안한 것이 바로 현대 학교의 모델이라고 할 수 있는 '균일화 모델'이었습니다.

헨리 포드의 자동차 공장에서 일하는 노동자들은 똑같은 재료를 가지고 똑같은 동작을 똑같은 시간에 이행할 수 있어야 했습니다. 그래서 지금과 같은 형태의 학교가 생겨났습니다. 학교에서는 공장 근로 시간에 맞춰 수업 시간과 쉬는 시간을 나누었고 아이들에게 효율적인 노동에 필요한 것들을 가르치기 시작했습니다. 생산량은 기하급수적으로 늘어났고 이를 통해 헨리 포드는 엄청난 부를 얻었습니다. 그 뒤 록펠러의 석유 공장, 카네기의 철강 공장도 균일화 모델을 기초로 생겨났습니다. 일정한 시간에 맞춰 일하고 줄을 잘 서며 공장 주인이 정한 규칙에 군말 없이 잘 따르는 노동자들이 더 많이 필요하게 되었죠. 이렇게 오늘날의 공교육의 기틀이 마련된 것입니다.

그런데 수백 년간 전 세계 대부분의 나라에서 유행했던 이 표준화 교육은 불행 중에 다행으로 1차, 2차 세계대전을 일으킨 국가들로 인해 많은 사람들이 경각심을 갖게 되었습니다. 표준화 교육의 문제점을 인식하면서 개인의 다양성과 민주적 운영에 공교육의 초점을 맞추는 나라들이 많아졌습니다.

하지만 우리나라의 경우 역사적으로 많은 아픔이 있었고 70년대 이후 나라의 경제가 발전하는 것에 표준화 교육이 긍정적인 부분을 차지했기 때문에 그 잔재가 아직도 남았습니다. 중요한 것은 앞으로 미래 사회에서는 아이들을 규격화하고 표준화하려는 교육의 잔재들이 더 사라질 것이라는 점입니다.

인간다움, 미래 교육의 핵심

미래에는 인간다움을 갖춘 아이들이 성공할 것입니다. 인간다움은 AI나 로봇과 구별되는 특성입니다. 실제 많은 해외 기업들이 취업 면접이나 시험에 로봇이나 AI가 면접관 역할을 대신 해주는 시스템을 활용하고 있습니다. 이 테스트에서는 실제 면접자가 거짓말을 하는지, 면접자의 성격이 어떤지, 해당 기업에서 얼마나 일을 지속하게 될지까지 예측하기도 했습니다. 그래서 실제로 진실된 마음을 가졌는지, 기업에 대한 애정이 있는지, 살아온 과정과 경험에서 어떤 성품이 드러나는지 등이 어떤 대학을 졸업했는지보다 훨씬 중요해질 것입니다. 따뜻한 온기를 가진 진실된 마음, 배려와 책임 등의 성품, 창의적으로 정보를 융합하는 능력 등 로봇이 가질 수 없는 인간다움이 미래 교육을 여는 열쇠가 될 것입니다.

이런 측면에서 미래의 교육은 개별성과 다양성에 근간을 두고 아이들이 스스로 지식을 찾고 활용하도록 도와주는 것에 초점을 맞추어야 합니다. 학교도 천편일률적인 교사 중심의 수업이 아니라 아이들 중심의 개별 맞춤형 교육을 하기 위해 다양한 시도를 할 것입니다. 그리고 디지털 기기의 발달 및 IT기술의 발달로 시공간을 넘어선 다양한 학습 상황이 고려될 것입니다. 예를 들면 VR, AR 등의 기술이 학교 수업에 활용되고 온라인 교과서도 보편화될 것입니다. 그리고 기후 위기와 관련하여 지금보다 더 환경을 생각하는 교육, 인성 교육 등이 강조될 것입니다.

무의미한 스펙 쌓기, 이제는 멈추어야 할 때

학교가 과도기를 겪는 동안 가정에서 부모님들이 가장 먼저 해야 할 일은 아이들에게 더 이상 명문대 입학이나 취업을 위해 공부하라고 잔소리하고 등을 떠미는 일을 하지 않아야 한다는 것입니다. 공부하지 말라는 것이 아닙니다. 공부하는 목적과 방법이 변해야 한다는 것입니다.

먼 미래의 이야기가 아니라 지금만 하더라도 소위 명문대를 졸업하고도 원하는 직업을 얻지 못하거나 행시, 사시 등 다양한 시험을 준비하느라 많은 젊은이들이 방황하고 있는 것이 현실입니다. 앞으로는 많은 새로운 직업들이 생겼다가 또 금방 사라질 것이고 명문대를 나와야만 가능했던 일들도 미래에는 불가능해지거나 필요가 없어질 것입니다.

※ 사.자.교육(사람다움 자녀교육) 핵심 노트

1. 무의미한 스펙 쌓기, 멈춰주세요. 명문대 졸업이 일자리를 보장해주던 시대는 끝났습니다.
2. AI가 아이들의 면접관이 될 것입니다.
3. 따뜻한 온기를 가진 진실된 마음, 배려와 책임 등의 성품, 창의적으로 정보를 융합하는 능력 등 로봇이 가질 수 없는 인간다움이 미래 교육을 여는 열쇠입니다.

Q2.

학교의 미래 교육 계획은?

그렇다면 이런 급변하는 상황 속에서 교육부는 어떤 계획과 대안을 제시하고 있을까요? 교육부에서 발표한 미래 교육 전환을 위한 정책과제를 살펴보면 5가지 정도로 요약할 수 있습니다.

첫째, 맞춤형 교육 실시입니다. 학생 한 명 한 명의 발달 단계나 수준에 맞춰서 개별화 교육에 초점을 맞추겠다는 이야기입니다. 지금까지는 교사 한 사람이 수십 명의 아이들을 한두 가지 기준을 가지고 교육하고 관리해 왔습니다. 앞으로는 빅데이터를 활용한 방법으로 학생 개개인마다 기록된 성취도를 바탕으로 교실에서도 개인별 맞춤형 교육이 실시될 것입니다.

둘째, 단위 학교의 교육 과정을 중시하겠다는 것입니다. 지금까지는 넓게는 국가 수준 교육 과정, 좁게는 지역의 교육청 단위로 형편에 맞게 시행되던 교육 과정에서 학교마다 자율성을 더 부여하겠다는 것이죠. 이렇게 되면 특색 있는 학교가 많아질 것입니다. 예를 들면 A학교는 다양한 방과 후 수업을 중점으로 하는 학교, B학교는 코딩 수업을 특색으로 하는 학교 등 학생들과 학부모, 그리고 교사 등 학교 구성원에 따라 교육 과정도 자율적이고 탄력적으로 운영될 수 있겠습니다.

셋째, 새로운 평가 방법과 도구를 도입한다는 것입니다. 대표적인 방법이 디지털 교과서와 LMS 활용입니다. 디지털 교과서는 사진이나 동영상 등 다양한 디지털 콘텐츠가 실려 있고 종이로 된 교과서가 없더라도 스마트 기기를 통해 어디서든 열어볼 수 있습니다. 또한 학생들이 필요한 내용을 메모하거나 첨가해서 저장할 수도 있습니다. LMS는 온라인으로 학생들의 성적과 진도, 출석 등을 관리해주는 시스템을 말합니다. 학교는 물론 기업과 공공기관에서도 사용을 확대할 것입니다. LMS의 활용을 통해 학생 개개인의 학습 진도와 학습 결과물, 출결 등의 정보를 저장할 수 있고 얼굴 표정 인식 프로그램의 개발을 통해 수업 집중도도 파악이 가능해집니다.

넷째, 고교학점제가 2025년부터 전면 도입됩니다. 학점이라는 용어를 어디서 많이 사용할까요? 바로 대학입니다. 고등학교도 앞으로는 현재 대학처럼 학점제로 전면 개편하겠다는 이야기입니다. 지금은 미리 짜인 시간표에 학생들이 맞추어서 수업을 들었습니다. 그런데 학점제로 개편이 된다면 아이들이 원하는 과목과 원하는 선생님의 수업을 선택해서 수업에 들어갈 수 있게 될 것입니다. 옆 학교나 다른 지역 학교에 가서도 신청한 수업을 들을 수가 있게 되는 것입니다. 예를 들어 A학교를 코딩 전문학교라고 하고 B학교를 외국어 교육 전문학교라고 한다면 A학교에 가서 코딩 수업을 듣고 B학교에 가서 원하는 외국어 수업을 들을 수 있다는 것이죠. 아이들이 A학교에 가서 수업을 듣고 B학교에 가서 수업을 듣기로 정하는 것은 온전히 스스로 선택을 하게 됩니다. 이로 인해 학생 중심의 주도적이고 적극적인 수업 참여가 가능해질 것입니다.

또한 고교학점제 도입으로 기존 국어, 영어, 수학 등의 주요 교과목이 오히려 더 중요해질 것입니다. 3학년 국어 시간에 효과적으로 의사소통하는 방법을 배웁니다. 문장을 구성하는 방법, 문단을 구성하는 방법, 글을 쓰거나 담화를 완성하는 과정 등 이러한 기본 지식들은 시대가 아무리 변해도 반드시 필요한 것들입니다.

고교학점제의 긍정적인 부분은 교과목과 교육 과정의 다양화로 인해 학생들을 지금처럼 점수에 맞춰 등급으로 나누고 변별하는 것이 더 어려워질 것이라는 점입니다. 2028년도부터는 등급제가 폐지되는 미래형 평가 체제로 대입제도가 전면 변화하게 될 것이기 때문입니다.

이외에도 교과 교실제, 노후 학교를 개축하고 리모델링하여 친환경적 공간을 조성하는 그린 스마트 미래 학교, 취업 전담 교사제 도입, 현장실습 지원금과 취업 장려금 지급, 학생들이 학교의 전반적인 운영위원에 포함되고 정책 결정에 참여하는 민주적 학교 운영, 지역 연계 학습 등 다양한 정책과 계획을 제시하고 있습니다.

※ 사.자.교육(사람다움 자녀교육) 핵심 노트

학교의 미래 교육 계획은 개별화 교육, 공간의 혁신, 고교학점제 도입과 등급제 폐지, 디지털 및 AI 기술 도입, 친환경적 공간을 조성하는 그린 스마트 미래 학교입니다. 또한 취업과 진로 관련 교육도 강화될 것입니다.

Q3.

전자 교과서, LMS, 메타버스까지… 스마트폰 없는 아이, 공부하기 힘들까?

아이들이 개인 스마트폰이 없더라도 충분히 공부할 수 있습니다. 교육부에서 시행하려는 정책은 향후 5년, 10년의 기간 동안 서서히 도입될 것입니다.

또한 도입 과정에서 많은 개정과 시행착오가 있을 것입니다. 현직 초등교사 입장에서 보면 앞으로 있을 학교의 변화에 수동적으로 아이들을 따르게 하기보다는 한 발 앞서서 능동적인 태도로 우리 아이에게 맞는 것들을 취사선택하는 것이 더 좋겠다는 생각입니다. 학교가 첨단 디지털 기기를 설비하고 구축한다면 개인 스마트폰 없이 학교에서도 충분히 정보의 검색과 활용으로 공부할 수 있습니다. 아이가 종이책으로 공부하는 것을 더 좋아한다면 학교의 변화에 끌려가기보다는 지금처럼 종이책을 가지고 공부를 해도 괜찮습니다. 디지털 기기는 기록용이나 정보 검색용으로만 활용하면 될 것입니다.

또한 모든 정보를 LMS에 저장하고 남겨놓는 것이 아니라 개인 정보 보호를 위해 필요한 부분만 저장해놓을 수도 있습니다. 아이가 스마트 기기 앞에서 온라인으로 이루어지는 쌍방향 수업을 힘들어하면 기존 오프라인 수업을 선택해서 듣거나 가정 학습, 대면 강의 등을 선택하면 될 것입니다. 학교의 변화가 긍정적인 점은 학습자인 아이들이 선택의 폭이 넓어진다는 점이라고 할 수 있겠습니다.

AI의 노예가 아닌 AI를 다스리는 아이로

스마트폰 개발자가 자신의 아이들에게 성인이 될 때까지 스마트폰을 사주지 않은 일화가 있습니다. 또한 페이스북 개발자도 자신의 아이들에게 페이스북 앱을 깔지 못하도록 했다는 이야기도 있습니다. 앞으로 학교나 교육 기관에서 아이들이 디지털 기기 활용과 디지털 공간으로 접속하는 일은 빈번해질 것입니다.

모든 일에는 장단점이 있습니다. 디지털 기기 도입과 AI 기술의 발달로 정보와 지식의 탐색과 활용이 쉬워졌다는 점은 큰 장점입니다. 하지만 이에 따른 부작용도 많습니다.

디지털 시대, 로그온이 아니라 로그오프에 더 신경을 쏟아주세요

디지털 혁명과 동시에 발생한 여러 가지 사회 문제가 있습니다. 스몸비(스마트폰에 중독되어 좀비처럼 되는 현상), 게임 중독, 스마트폰 중독, ADHD(주의력결핍장애) 환자 급증 등 실제로 디지털 기술 발달과 함께 생겨난 문제들입니다. 그래서 아이들 손에 스마트 기기를 쥐어주고 방치하기보다는 적절한 통제와 규칙 안에서 부모님과 함께 해봐야 합니

다. 실제로 윙크나 밀크티 등 스마트 기기를 통해 장시간 공부하는 아이들은 대부분 수업 시간에 집중력이 현저히 떨어지는 것을 보았습니다.

그렇다면 어떻게 로그온보다 로그오프에 더 신경을 쏟을 수 있을까요? 예를 들면 저녁 식사 시간 이후에는 온 가족이 스마트폰을 꺼서 거실에 두기, 주말에는 오후에 3시간만 사용하기 등 가족 회의를 통해 스마트폰을 멀리하는 가족 문화 만들기, 아이들이 사용하는 스마트 기기에 관리가 가능한 어플 설치하기 등 스마트 기기 사용을 앱이나 가족들의 도움을 받아 조절하도록 하는 방법이 있습니다. 무엇보다도 부모님들께서 아이들이 디지털 기기를 통한 온라인 세상에 대해 객관적인 시각을 가질 수 있게 도와주셔야 합니다. 온라인 세상이 때로는 무서울 수 있고, 중독이 되면 얼마나 위험한지도 아이들이 스스로 깨닫도록 이야기해주세요. 완전히 차단하지 못하더라도 필요할 때만 온라인 세상에 접속하도록 해야 합니다.

온라인 세상보다 오프라인 세상이 훨씬 중요하다는 것을 꼭 알려주세요

무엇보다도 중요한 것은 오프라인 세상입니다. 온라인 세상은 오프라인 세상을 위한 도구라는 인식이 필요합니다. 아이들은 오프라인 세상에서 먼저 관심과 흥미 있는 활동을 발견해야 합니다. 그 이후에 온라인 세상을 보조 도구로 활용할 수 있도록 부모님의 세심한 관심과 지도가 필요할 것입니다.

※ 사.자.교육(사람다움 자녀교육) 핵심 노트

1. 아이들 손에 스마트 기기를 쥐어주고 방치하기보다는 적절한 통제와 규칙을 알려주세요.
2. 온라인 세상보다 오프라인 세상이 훨씬 중요하다는 것을 꼭 알려주세요.
3. 아이들이 오프라인 세상에서 먼저 관심과 흥미 있는 활동을 발견하게 해주세요.

미래 역량, 아이에게 집에서 해줄 일이 있다면?

테슬라 자동차를 모두 아실 것입니다. 처음에는 '어떻게 전기 자동차를 만들겠어?' 하고 대부분의 사람들이 의구심을 가졌습니다. 그런데 지금은 어떤가요? 공상과 상상 속에만 존재했던 전기 자동차가 현실이 되었고 일상이 되었습니다.

유튜브도 마찬가지입니다. 수십 년 전까지만 해도 역사에 대한 정보를 얻고 싶으면 도서관에 가거나 며칠이 걸려서 책을 빌려보아야 가능했던 것들이 이제는 스마트폰만 있으면 전 세계 어느 곳에 있는 정보라도 쉽게 얻을 수가 있습니다. 미국에 한 번도 가본 적 없는 대한민국의 어린

초등학생들도 인터넷으로 하버드대학에서만 들을 수 있던 강의를 들을 수 있게 된 것입니다. 온라인으로 새로운 기회가 많이 열렸음을 보여줍니다. 이런 기회들이 앞으로 더 많아지겠죠?

테슬라 자동차와 유튜브가 개발되기 위해서는 대표적으로 다음과 같은 몇 가지 역량들이 필요했습니다. 2016년 세계경제포럼에 따르면 미래 인재의 핵심 역량을 창의성, 협업 능력, 의사소통 능력, 비판적 사고력으로 정의했습니다.

창의성, 느긋한 환경에서 개발됩니다

창의성은 기존의 것과는 다른 새롭고 신선한 것을 생각해내는 능력입니다. 미국 캘리포니아대학교의 산타 바바라 캠퍼스 연구팀의 조사 결과에 따르면 평소에 공상이나 상상을 자주 하고 딴생각을 할 기회가 많았던 아이들이 신선하고 새로운 결과물을 만들어내는 것에 더 탁월했다는 놀라운 결과가 있습니다. 그렇다면 아이들의 창의력을 키워주려면 어떤 방법이 있을까요? 먼저 아이들에게 충분한 시간을 주어야 합니다. 평소에 공상을 하거나 딴생각을 많이 했던 아이들이 신선하고 새로운 결과물을 많이 만들어냈다는 결과에서 알 수 있듯이 아이들에게 결과물을 재촉하기보다는 충분히 고민하고 상상할 시간을 주어야 한다는 것입니다. 시간에 쫓기거나 여유가 없을 때 아이들은 어쩔 수 없이 쉬운 방법, 쉽게 해결할 수 있는 안전하고 보편적인 방법으로만 생각하게 되고 습관이 들게 됩니다.

너 하고 싶은 대로 마음껏 해봐

가정에서 아이들에게 어떤 기회를 줄 수 있을까요? 책을 읽거나 유튜브 영상을 보고 느낀 점을 표현하게 해보세요. 글이나 그림, 색종이나 클레이 등 다양한 방법으로 표현할 기회를 주어야 합니다.

창의적으로 표현하기 최종 단계는 글쓰기입니다. 앞으로는 짧은 시간 안에 자신의 생각을 조리 있고 명확하게 글로 표현하는 능력이 더욱 중요해질 것입니다. 글쓰기 교육에 대한 이야기는 뒷부분에서 자세하게 다루도록 하겠습니다.

협업 능력, AI를 활용하는 중요한 열쇠

협업 능력은 다른 사람들과 협력하는 능력입니다. 앞으로 아이들이 살아갈 미래에는 대부분의 일들은 자동화가 가능해질 것이고 직업도 다양해질 것입니다. 그래서 여러 분야의 다른 전문가들과 교류하거나 팀을 구성해서 문제를 해결하는 프로젝트형 업무가 많아질 것입니다. 학교에서도 프로젝트 수업이 더 많아질 예정입니다. 프로젝트 수업이란 학생들이 해결해야 할 과제를 정하고 친구들과 협업 능력을 발휘해서 그것을 해결하는 모둠형 수업을 말합니다.

협업 능력, 가정에서부터 기를 수 있습니다

그렇다면 어떻게 아이의 협업 능력을 길러줄 수 있을까요? 가장 좋은 방법은 다른 사람들과 어울리고 협력할 기회를 많이 제공해주는 것입니다.

첫 번째는 아이들에게 집안일을 하도록 독려해보는 것을 추천합니다. 이때 역할과 할 일은 부모님이 지정해주시는 것도 좋지만 가족 회의를 통해서 정한다면 많은 긍정적인 효과가 있습니다. 가족원들과 소통을 통해 감정을 공유하고 생각을 표현하는 연습을 할 수 있으며 역할 분배 과정에서 몰랐던 자신의 장점이나 강점도 발견할 수 있을 것입니다.

두 번째는 놀이나 스포츠를 통한 협업 기회 제공입니다. 갈수록 아이를 낳지 않는 가정이 늘어나고 낳더라도 외동인 아이들이 많아지고 있습니다. 그래서 형제나 자매가 어울려서 놀 때 자연스럽게 습득하던 눈치나 규칙들을 요새 아이들은 잘 모르거나 어려워하는 경우가 많아졌습니다. 그래서 놀이와 스포츠 활동이 꼭 필요합니다. 놀이나 스포츠를 통해 규칙을 따르는 방법, 규칙을 조율하는 방법, 자기 역할을 인식하는 방법, 함께 전략을 세우는 방법 등을 습득할 수 있기 때문입니다.

오프라인에서 기회를 만들기가 어렵다면 온라인 공간에서 기회를 제공해주는 방법도 있습니다.

코로나 이전처럼 오프라인에서 모여서 어울리지 않더라도 이미 많은 사람들이 SNS와 인터넷 매체를 통해 소통하는 것에 익숙해졌습니다. 위두랑, 클래스팅처럼 교육용 SNS도 많아졌습니다. 14세부터 19세 학생들이 참여할 수 있는 거꾸로 캠퍼스도 있습니다.

이 외에도 조금만 관심을 가지고 검색해보면 많은 기회들을 찾을 수 있을 것입니다. 아이들이 온라인과 오프라인에 구애받지 않고 때에 따라 여건에 맞게 부모가 다양한 기회를 마련해주는 것만으로도 협업 능력을 개발하는 것에 큰 도움이 됩니다.

의사소통 능력, 인간다움의 중요한 열쇠

의사소통 능력은 내 생각을 잘 표현하고 다른 사람의 생각을 잘 받아들이는 능력입니다. 아이의 사회성 발달에 필수적인 열쇠입니다. 의사소통 능력에 해당하는 말하기 능력, 글쓰기 능력, 독해 등의 문해력이 점점 더 중요해질 것입니다. 2022 개정 교육 과정에 따르면 앞으로 대입 시험 문항을 서술형, 논술형으로만 하겠다고 합니다. 그래서 학교 수업에서도 서술형, 논술형 평가가 확대될 것입니다. 초등학교에서도 읽고 쓰고 말하고 토론하는 역량이 더욱더 강조될 것입니다.

의사소통 능력을 키우기 위한 열쇠, 읽기와 쓰기

의사소통 능력을 키우는 가장 좋은 방법은 무엇일까요? 물론 부모님이나 형제자매, 친구들과 소통할 기회를 많이 가지면 그렇지 않은 경우보다는 자연스럽게 길러질 것입니다. 하지만 무작정 말을 많이 한다고 소통 능력이 길러지는 것은 아닙니다. 데일 카네기는 『인간관계론』이란 책에서 백 마디 중언부언보다 상대방의 말을 잘 듣고 짓는 미소 한 번이 관계와 소통에 더 효과적일 때가 있다고 했습니다. 아이들 수준에서 소통 능력을 키우기 위한 여러 효과적인 방법 중 하나는 자신이 좋아하는 분야의 책을 마음껏 읽고 느끼거나 이해한 점을 글쓰기로 표현하는 것입니다. 이런 과정을 통해서 자신만의 표현 기술과 다른 사람의 말을 이해하고 경청하는 능력도 길러집니다. 책 읽기와 글쓰기에 대한 이야기는 2부와 3부에서 더 자세하게 이야기해 보겠습니다.

비판적 사고력, 용기와 자유를 담는 그릇

비판적 사고력도 중요합니다. 사전적 의미로 비판적 사고력이란 평소에 옳다고 받아들여지는 사실이나 의견에 대해 의문을 제기하는 능력이라고 합니다. 아무리 유명한 사람의 말이라고 하더라도, 아무리 뛰어난 사람의 글이라도 맞는지 아닌지 따져보고 생각해보는 것입니다. 다시 말해 비판적으로 사고한다는 것은 아닌 것에 대해 아니라고 할 수 있는 용기입니다. 또한 남이 정해주거나 시켜서 하는 것이 아니라 내가 원하는 것을 온전히 스스로 정하는 자유입니다.

liber-라는 단어의 어근이 있습니다. 영어 어근은 '자유'라는 뜻이고 라틴어로는 '노예가 아닌'이라는 뜻입니다. 고대 로마에서는 주인의 명령을 따르는 것이 아니라 스스로 생각해서 결정할 수 있는 사람들을 'liberty'라고 불렀습니다. 특히 수많은 정보가 넘쳐날 미래에는 필요한 정보를 선별하기 위한 비판적 사고력과 'liberty' 정신이 매우 중요해질 것입니다.

'왜?'라고 질문하고 마음껏 표현하게 해주세요

비판적 사고력을 기르기 위해 두 가지 요소가 필요합니다. 하나는 '왜?'라는 질문의 씨앗이고 다른 하나는 생각 표현 연습입니다. 많은 도구들이 있겠지만 가정에서 쉽게 활용할 수 있는 도구는 책입니다. 책을 읽고 적절한 질문을 통해 아이들에게 자신의 생각을 말할 수 있는 기회를 많이 준다면 비판적 사고력도 쑥쑥 자랄 것입니다.

이 외에도 국가 수준 2022 개정 교육 과정과 여러 다른 나라의 교육 과정에서는 정보 융합력, 정보 활용 능력, 문제 해결력도 필요하다고 합니다.

정보의 융합, 로봇은 할 수 없어요

정보 융합력이란 여러 가지 정보를 융합할 수 있는 능력입니다. 융합은 녹을 융(融)과 합할 합(合)이 합쳐진 한자어입니다. 무엇을 녹여서 무엇을 합친다는 것일까요? 책이나 다양한 매체를 통해 지식을 습득하고 그것들을 녹여서 새로운 무언가를 만드는 것입니다.

학교에서 과학 시간에 마찰에 대해 배웠다고 하면 추운 겨울 손바닥을 문지르거나 빙판 위에서 스케이트를 탈 때 '아, 이게 마찰 때문에 그렇구나!' 하고 깨닫는 것이 융합이라고 할 수 있습니다. 자율 주행 전기 자동차는 몸이 불편한 장애인들이 쉽게 이동할 수 있도록 AI 기술과 자동차 지식을 더했습니다. 이처럼 개인적인 필요와 경험, 지식들이 어우러져 새로운 것을 만드는 능력이 정보 융합력입니다. 결코 기계나 AI는 가질 수 없습니다.

아이 머릿속에서 융합이 일어나기 위한 시간을 주세요

그렇다면 지식은 어떻게 녹일 수 있을까요? 이해해야 합니다. 그런데 지식을 이해하기 위해서는 얼음이 녹듯이 시간이 필요한데 이해할 시간도 없이 순식간에 암기만 달달 하고 넘어간다면 아이는 절대로 융합하는 능력을 기를 수 없습니다. 그리고 지식을 이해해서 나의 것으로 녹여

냈다고 하더라도 삶과 연결되지 않는다면 융합이 일어나지 않을 것입니다. 융합하는 능력을 길러주려면 먼저 아이들에게 호기심을 해소할 재료들을 제공한 다음 충분히 이해할 시간을 주셔야 합니다. 제한 시간 안에 많은 지식을 암기해서 성과를 내는 시대는 끝났습니다. 하나의 지식이라 하더라도 충분한 시간을 통해 자기 것으로 이해하는 것이 훨씬 중요합니다. 융합하는 능력을 기른 아이들은 지식과 삶의 결합을 하게 되고 융합된 지식끼리 또 다른 융합을 통해 다양하고 창의적인 결과물들을 만들어낼 수 있을 것입니다.

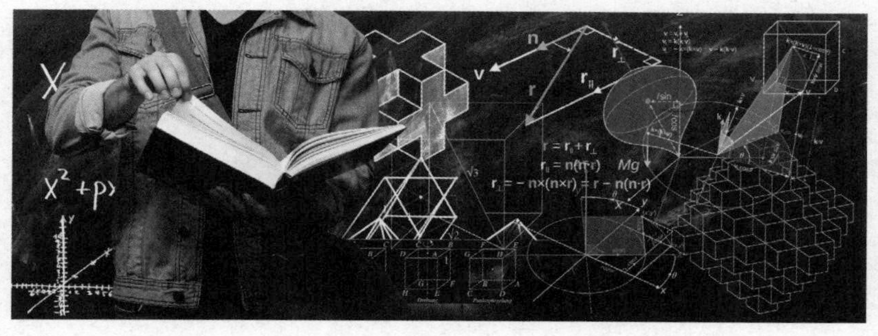

정보활용 능력, 무엇을 선택해서 어떻게 사용할까

다음으로 강조하는 능력은 정보의 활용 능력입니다. 정보를 활용하기 위해서는 먼저 정보에 쉽게 접근하고 필요한 정보를 잘 골라낼 수 있어야 합니다. 정보에 쉽게 접근하기 위해서는 다양한 디지털 기기를 활용하고 사용할 수 있어야 하며 정보를 잘 골라내기 위해서는 내가 찾는 정보인지 아닌지 판단할 수 있는 판단력이 필요합니다. 미래의 학교는 점점 종이책 대신 스마트 패드나 전자 교과서로 수업하는 장소로 변해갈 것입니다. 따라서 가정에서부터 아이들이 스마트 기기를 쉽게 다루고 필요한 정보를 검색할 수 있게 도와주시면 좋겠습니다. 단, 너무 이른 나이에 무분별하게 스마트 기기를 접하는 것은 좋지 않습니다.

문제 해결 능력, 현상 기반 학습이 힌트

마지막으로 강조하는 능력은 문제 해결력입니다. 문제 해결력이란 말 그대로 스스로 문제를 해결하는 능력입니다. 세계적인 교육 강국인 핀란드에서는 짧은 시간을 공부하고도 높은 학업 성취도를 기록하는 현상 기반 학습의 중요성을 강조합니다.

현상 기반 학습이란 아이들이 평소 궁금했던 점이나 호기심을 가졌던 문제들에서 시작해서 질문을 만들고 스스로 답을 찾도록 교사나 부모가 도와주는 학습 방법입니다. 학교에서는 친구들의 질문과 창의적인 풀이 방식을 공유하며 생각을 확장할 수 있습니다. 학습할 때 아이들이 궁금해 하는 질문에 대해 교사나 부모가 정답을 바로 알려주지 않는 것이 핵심입니다. 대신 질문의 답을 찾아가는 과정을 알려주거나 함께 하면서 스스로 문제를 해결하고 양질의 정보를 찾는 방법도 학습할 수 있습니다.

가정에서도 현상 기반 학습을 참고해서 아이들에게 좋은 질문을 하고 함께 해결해보거나 아이가 먼저 호기심을 가지고 질문할 때 부모가 함께 정보를 검색하거나 소통하면서 해결해보는 것입니다. 이런 경험을 통해 아이들은 스스로 문제를 해결하는 능력을 기를 수 있을 것입니다.

※ 사.자.교육(사람다움 자녀교육) 핵심 노트

1. 미래 역량은 창의성, 협업 능력, 의사소통 능력, 비판적 사고력, 정보의 융합 및 활용 능력, 문제 해결 능력을 말합니다.
2. 아이들에게 시간과 여유를 주기, 좋은 질문 함께 만들기, 정답을 바로 알려주지 않기 등 가정 교육이 더 중요해질 것입니다.

초스마트한 아이는 어떤 아이일까?

스마트폰이 처음 나왔을 때 스마트폰이라는 용어를 듣자마자 '핸드폰이 똑똑하다고?'라고 했던 기억이 있습니다. 아이들은 더 이상 지식을 경쟁의 수단으로 삼을 수 없을 것입니다. AI의 대표 주자라고 할 수 있는 스마트폰과 지식 경쟁을 해서 이길 사람은 아무도 없습니다. 미래를 살아갈 아이들은 누군가와 경쟁하는 아이가 아닌 사람이든 기계든 함께 공존하는 아이들로 키워주세요. 초스마트한 아이란 스마트폰을 초월하는 아이라는 의미입니다. 초월한다는 것은 뛰어넘는다는 의미가 있습니다. 스마트폰과 기계가 할 수 없는 일들을 할 수 있는 아이가 초스마트한 아이들입니다. 또 스마트폰이나 AI가 해줄 수 없는 부모님의 역할이 분명히 있습니다. 창의적이며 지식을 융합할 수 있고, 능숙한 의사소통을 통해 다양한 인간관계를 맺으며 삶의 다양한 문제들을 해결하는 역량을 길러주는 것입니다. AI를 뛰어넘는 인간다움을 갖추기 위한 역량과 양대 산맥을 이루는 인성에 대한 부분은 이어지는 다음 장에서 이야기하겠습니다. 스마트폰과 AI는 아이들의 인성을 제대로 다루지 못할 것입니다. 바른 인성과 성품은 오직 사람만 가질 수 있습니다.

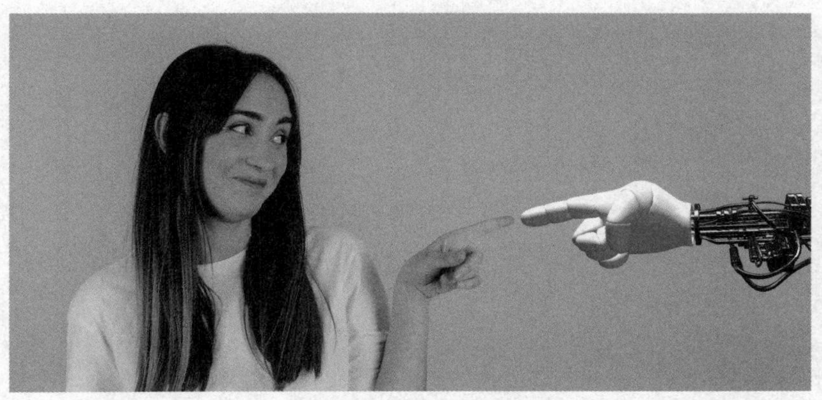

※ 사.자.교육(사람다움 자녀교육) 핵심 노트

기계와 AI는 대체 불가한 초스마트한 아이들, 미래 역량과 바른 품성을 갖춘 아이들입니다.

2장

로봇으로 대체 불가한 인간다움을 지닌 튼튼한 내면의 소유자로 키우기

최소 월 100만 원, 학원비로 써야 좋은 부모 아닐까?

지금부터 들려드릴 이야기는 아이를 잘 키우기 위해 꼭 물질이 풍요로워야 하는 것은 아니라는 이야기입니다. 물론 물질적으로 풍요롭지 못한 환경에서도 아이들을 잘 키울 수 있다는 식상한 이야기일 수 있습니다. 하지만 식상한 이야기 속에서 구체적 방법을 찾아보면 어떨까요? 누구나 공감할 만한 많은 위인들의 이야기가 있지만 좀 더 진솔한 소통을 하고자 저의 개인적인 이야기를 들려드리고자 합니다.

온기가 스며든 사랑을 받고 감사하며 자존감을 갖춘 아이

IMF라고 하죠? 어린 시절, 거실에 방 3개 딸려 있던 집은 방이 2개가 되더니 급기야 반지하 작은 집으로 변해갔습니다. 환경은 점점 더 나빠졌습니다. 그런데 죽고 싶을 만큼 불평과 원망만 하던 그 아이는 여러 도움을 받아 긍정적으로 변해서 밝고 씩씩하게 자랄 수 있었습니다. 그 비결을 꼭 자녀교육에 관심이 많은 부모님들과 나누고 싶었습니다. 클래식 음악과 고전 문학은 시대를 막론하고 공유할 만한 가치가 있다고 합니다. 이 비결 또한 미래 사회를 살아갈 아이들의 인성 교육에서 중요한 열쇠일 것입니다.

첫 번째는 아이들은 사랑받는다는 느낌을 많이 가져야 한다는 것입니다. 아이들이 어릴수록 가까운 사람들에게 조건 없이 받은 따뜻한 애정은 아이가 단단한 자존감을 형성할 때 꼭 필요한 요소입니다. 어린 시절 부모님은 맞벌이로 바쁘셨고 저는 할머니 댁에서 자랐습니다. 할머니는 제게 햇살 같은 사랑을 항상 주셨습니다. 속상한 마음이 있던 날도 할머니 방에서 할머니 손을 잡고 잠들면 괜찮아졌던 생각이 납니다. 많은 로봇 관련 기업에서는 육아 로봇을 개발 중이라고 합니다. 부모 대신 아이와 놀아주고 아이를 돌봐주는 로봇입니다. 말로만 들으면 그럴싸합니다. 하지만 로봇에게 어린아이를 맡기고 편안한 마음으로 집을 나서는 부모가 몇이나 될까요? 부모나 사랑하는 사람이 줄 수 있는 온기 어린 애정은 로봇이 절대 대신할 수 없습니다. 사랑받는다는 진정한 느낌은 그 어떤 기계로도 대체할 수 없을 것입니다.

두 번째는 감사한 마음을 자주 표현하기입니다. 어렸을 적 작은 방에 가족들과 함께 누워서 하루를 돌아보며 감사했던 것에 대해 이야기를 할 때 "할머니의 따뜻한 손이 감사하다."라고 말했던 기억이 아직도 납니다. 어머니는 아침의 시원한 공기에도 감사해했고 아버지는 하루 종일 땀 흘려 일할 수 있는 직장에도 감사했습니다. 제가 어릴 적에 감사한 표현을 자주 하는 시간을 갖지 않았더라면 하루하루 소소한 일들에 대한 감사한 마음도 갖기 어려웠을 것 같아요.

감사하는 마음과 태도는 아이들이 학교생활을 하며 힘든 일을 겪거나 좋지 못한 감정을 느끼더라도 다시 회복할 수 있는 힘을 줄 것입니다.

세 번째는 세상에 꼭 필요한 존재라는 스스로의 가치 발견하기입니다. 꼭 돈을 많이 벌고 사회적으로 높은 지위에 올라야지 가치 있는 사람이 되는 것이 아닙니다. 나의 가치와 내가 하는 일의 보상은 다르기 때문입니다. 물론 그런 생각이 누군가에게는 원동력이 되기도 하겠지만 누군가에게는 노력을 지속하는 것에 장애물이 되기도 합니다. 대학생 시절 저는 우연치 않게 필리핀에 있는 '파시코'라는 도심 빈민가로 해외 봉사활동을 다녀왔습니다. 그곳에서 지내는 동안 우리 가족, 내 주변 사람들에게 도움을 주고 기여할 수 있는 진짜 가치 있는 일이 무엇인지 고민하게 되었습니다. 그중 하나가 제가 어려울 때 받은 도움과 사랑의 기억처럼 저와 같이 어려운 환경에서 방황을 하는 아이들에게 도움을 주고 싶다는 것이었어요. 확고한 목표가 생기고 나름의 개인적 인생의 의미를 발견하다 보니까 저절로 최선도 다하게 되고 만족감과 감사함도 느끼게 되더라구요. 내가 속한 공동체에 기여를 하고 주변 누군가에게 도움을 줄 때 스스로의 가치를 발견하는 경험을 하지 않았더라면 하루하루 소소한 일들에 대한 감사한 마음과 자신에게 의미 있는 가치를 찾기 어려웠을 것입니다. 미래 사회는 디지털 기술의 발달로 지금보다 시공간의 경계가 느슨해질 것입니다. 전 세계 다양한 사람들과 크고 작은 공동체를 이루고 또 그 공동체 안에서 자신의 가치를 발견하고 기여할 때 아이들은 스스로 더 나은 모습으로 성장할 것입니다.

※ 사.자.교육(사람다움 자녀교육) 핵심 노트

부모로서 월 100만 원씩 학원비로 쓰거나 좋은 교육 환경을 제공해주지 못하더라도 자책하지 마세요. 아이가 충분히 사랑받는다고 느끼고 감사하는 태도를 가지며, 공동체에 기여하는 자세로 스스로 가치 있다고 느낀다면 그걸로 충분합니다.

지는 걸 싫어하고 승부욕을 주체 못 하는 아이, 괜찮을까요?

"모든 사람은 천재다. 하지만 만약 물고기를 나무 오르는 능력으로 평가한다면 그 물고기는 평생 자신이 바보라고 믿으며 살 것이다."

– 알버트 아인슈타인

교실에 30명의 아이가 있다면 얼굴 생김새가 다르듯 가지고 있는 성향도 다릅니다. 유독 승부욕이 넘치는 아이들은 체육이나 모둠 활동 등 경쟁에서 이겼을 때 한없이 좋아합니다. 문제는 졌을 때입니다. 이런 아이들은 경쟁에서 졌을 때 화를 주체하지 못해 돌발 행동을 하거나 감정에

휩싸여 본인과 주변에 큰 상처가 될 행동을 하기도 합니다. 모든 경쟁에서 항상 이기는 것은 쉽지 않습니다. 승부욕이 강한 아이일수록 경쟁에서 졌을 때도 의연할 수 있도록 경쟁의 의미와 대상에 대해 잘 알려주어야 합니다.

등용문이라고도 하죠? 경쟁을 뚫고 승리한 사람이 좋은 자리를 차지하는 것이 성공이라는 말입니다. 그런데 아이들이 경쟁에서 승리해서 남들보다 좋은 대학에 가고 좋은 직장을 다니고 돈을 잘 벌고 좋은 것을 가지면 과연 성공한 인생인지 생각해볼 필요가 있습니다. 학교에서 아이들을 보면 급식 먹으러 가는 줄조차 서로 앞에 서려고 경쟁을 합니다.

철수는 1등급, 미영이는 4등급?

제 아이들은 생과일 음료를 참 좋아합니다. 그런데 두 아이의 취향은 너무 다릅니다. 첫째 아이는 주로 상큼한 맛의 레몬이나 키위 주스를 좋아하고 둘째 아이는 달달한 수박이나 딸기 주스를 좋아하죠. 그런데 "키위 주스가 나아요? 수박 주스가 나아요?" 하고 물어보면 아이들은 뭐라고 대답할까요? 키위와 수박 사이에 우열이 있을까요? 이처럼 과일도 더 나은 것을 구별할 수 없는데 아이들의 우열을 나눈다는 것이 옳은지 생각해보아야 합니다. 경쟁의 결과도 이런 관점에서 본다면 선호도와 취향의 차이라고 볼 수 있습니다.

스스로 돌아보고 성장하는 아이로 키워주세요

미래에는 경쟁의 대상도 다양해지고 빈도도 늘어날 것입니다. 대학 입시를 예로 들면 해마다 문제는 다르고 각자 열심히 최선을 다해서 노력하지만 각 대학의 기준과 선호도에 따라서 결과가 달라집니다. 어떤 아이에게는 시험에서 맞은 문제의 개수와 대학의 선호도에 따라 1등급이 매겨지고 어떤 아이에게는 4등급이 매겨집니다. 하지만 이것은 대학 입학 시험의 기준이지 아이들의 값어치가 아닙니다.

대한민국의 입시 시험에서 4등급을 맞은 아이가 유명 레스토랑의 요리사 면접이나 태국의 간호사 시험에서는 1등급을 받을 수도 있습니다. 앞으로 아이들이 살아가야 할 미래 사회는 지금보다 국가 간 경계가 느슨해질 것입니다. 원하는 것을 얻기 위해, 또는 다른 사람들의 필요와 기준, 선호도에 부합하기 위해 치열하게 경쟁해야 할 수도 있습니다. 그때마다 무의미한 경쟁에 일희일비하기보다는 스스로 성장에 초점을 맞추는 것이 훨씬 나은 결과를 가져다 줄 것입니다. 특히 평소 승부욕이 강하거나 경쟁심이 강한 아이들은 경쟁의 대상을 자기 자신으로 설정해서 자존감이 망가지거나 타인에게 상처 주는 것을 예방할 수 있습니다. 경쟁을 피하라는 말이 아닙니다. 다른 경쟁자들을 깎아내리거나 밟고 올라서는 것이 아니라 스스로의 성장을 통해 경쟁자들과 공존하며 원하는 것을 얻는 방법을 찾는 것이 더 지혜로울 것입니다.

공존하려면 자신의 장점을 알고 성장에 초점을 맞추어야 합니다

미래의 일터는 로봇뿐만 아니라 다른 동료들과 공존하며 직장 생활 내내 수없이 많이 협력하는 구조로 바뀔 것입니다. 옆 사람과 경쟁이 아닌 공존하고자 하는 마음에서 협력이 시작됩니다. 다른 사람의 장점과 나의 장점을 객관적으로 인식하고 서로의 장점을 이용해 함께 일을 해낼 수 있을 것입니다. 같은 분야의 일이라고 할지라도 경쟁의 대상을 자기 자신의 더 나은 모습으로 삼는 것이 더 지혜로울 것입니다.

수박은 키위와 신맛 경쟁을 할 수 없습니다. 수박이 가진 달콤함을 더 숙성시킨다면 자신에게 맞는 기회가 꼭 올 것입니다. 스스로와 경쟁하며 하루하루 성장하는 아이들은 100점 맞은 친구에게 열등감을 느끼거나 10점 맞은 친구에게 우월감을 느끼지 않아도 됩니다. 그리고 자신의 장점이 두드러지게 되면 경쟁보다는 공존과 협력의 기회도 많이 늘어날 것입니다. 다음 번에는 스스로 몰랐던 부분을 더 아는 것으로, 못했던 팔굽혀펴기를 하나 더 하는 것을 목표로 한다면 아이들은 스트레스는 덜 받고 목표에는 더 집중할 수 있을 것입니다.

※ 사.자.교육(사람다움 자녀교육) 핵심 노트

아이들은 우열을 가릴 수 없는 존재입니다. 경쟁의 대상은 남이 아닌 자신이 되어야 합니다. 다른 경쟁자들을 깎아내리거나 밟고 올라서는 것이 아니라 스스로 성장에 초점을 맞추게 해주세요. 자신의 장점이 두드러지면 공존과 협력의 기회도 많아질 것입니다.

Q8.

아이가 실패한 인생을 살까 봐 걱정된다면?

아이가 처음 어린이집에 간 날 혹은 유치원이나 초등학교에 간 날을 기억하시나요? 항상 붙어 있던 아이를 낯선 장소에 놓고 돌아올 때 약간의 걱정을 다들 해보셨을 것입니다. 모든 부모는 아이들을 키우면서 많은 걱정과 불안감을 느낍니다.

루소라는 교육학자의 『에밀』이라는 책에는 이런 글이 있습니다.

"부모는 아이가 어른이 되었을 때 스스로 자신을 지키고, 운명의 타격을 이겨내고, 부귀도 빈곤도 개의치 않으며, 필요에 따라서는 아이슬란드의 빙하 속에서도, 몰타섬의 타는 듯이 뜨거운 바위 위에서도 살아갈 수 있는 능력을 가르쳐주어야 한다."

자립심을 가진 아이가 성공합니다

아이들은 걸음마를 시작하면서 많이 넘어지고 울기도 합니다. 하지만 결국에는 대부분의 아이들이 걷게 되죠. 부모는 아이가 포기하지 않고 끊임없이 시도하는 과정을 지켜보면서 손을 잡아주기도 하지만 걸음마를 배우는 것은 온전히 아이의 몫입니다. 부모가 할 수 있는 일은 애정어린 시선으로 아이를 기다려주는 일입니다. 아이는 근육을 사용하고 힘을 조절하는 연습을 통해 수십 번 넘어지더라도 결국 스스로 걷게 될 것이기 때문입니다. 걸음마 배우는 과정과 아이들이 성장하는 과정은 비슷합니다. 아이들이 인생을 살아갈 때 곤경에 처하더라도 스스로가 지닌 잠재력을 사용하여 이겨내고 성장하는 능력을 가진 아이들로 자랐으면 좋겠습니다. 실패와 성공을 눈에 보이는 결과로만 판가름한다면 우리는 모두 실패한 인생일 것입니다. 포기하지 않고 끊임없이 도전하고 스스로 성장하는 아이들은 그것만으로도 이미 성공한 아이들입니다. 물론 루소가 말한 아이슬란드의 빙하 속에 가거나 몰타섬의 뜨거운 용암에는 실제로 가지 않았으면 합니다. 부모가 지켜주기 어려운 환경이니까요.

※ 사.자.교육(사람다움 자녀교육) 핵심 노트

실패와 성공을 눈에 보이는 결과로만 판가름한다면 우리는 모두 실패한 인생일 것입니다. 포기하지 않고 끊임없이 도전하며 스스로 성장하는 아이들은 그것만으로도 이미 성공한 아이들입니다. 자립심을 가진 아이로 키워주세요.

옆집 아이보다 뒤떨어지는 것 같아서 불안하다면?

수많은 육아 전문가들은 부모의 역할이 중요하다고 말합니다. 맞습니다. 아이들에게는 부모님의 영향이 절대적입니다. 사회에서는 아이가 잘못되면 부모님의 책임을 묻기도 하죠. 그래서 좋은 부모가 되려면 아빠는 돌아온 슈퍼맨, 엄마는 하루 24시간도 모자란 원더우먼이 되어야 하는 것 같습니다.

미래 사회는 지금보다 더 변화의 속도도 빨라지고 정보들도 넘쳐날 것이기 때문에 많은 혼란이 예상됩니다. 하루 반 이상의 시간을 아이들과 보내고 아이들을 교육하지만 정작 저도 '부모로서 지금 내가 잘하고 있는 걸까?' 하고 불안해질 때도 많습니다. 그럴 때마다 어린 시절 할머니의 위로의 말을 떠올리곤 합니다. 성격이 급했던 제가 시험에서 실수하거나 실패할 때마다 할머니는 이렇게 말씀하셨습니다. "너무 급하니까 그렇지. 하나만 해도 돼. 한 번에 하나씩. 차근차근 다시 해봐."

남들 속도에 맞출 필요 없어요 한 번에 하나씩 서두르지 말고 기다려주세요

교육 관련 행사에 가보면 저출산 시대가 무색할 만큼 아이 교육에 대한 엄마들의 열기가 후끈합니다. 맘카페 이야기를 들으면 더 놀랄 때가 많습니다. 아이들에게 이것도 해줘야 하고 저것도 해줘야 하고…. 아이가 어릴 때 영어를 시작해야 하며 한글 공부도 일찍 하면 좋단다 등 출처를 신뢰할 수 없는 수많은 정보가 있습니다. 미래에 디지털 리터러시 능력이 중요하다는 소문이 나자 코딩 교육과 컴퓨터 교육 등 전에 없던 사교육과 육아 정보도 넘쳐납니다.

물론 5살 아이가 정말 너무나 영어 공부를 원하고 7살 아이가 코딩을 배우고 싶다고 하고 13세 아이가 핵융합의 원리가 궁금해서 호기심으로 가득 차 있다면 빚을 내서라도 학원에 보내고 싶을 것입니다. 그런데 아이가 관심도 없는데 급변하는 시대의 흐름에 맞추려고, 또는 남들보다 뒤처지는 것이 두려워 억지로 시키는 것은 위험할 수 있습니다. 아이가 원하지 않는 일이거나 시기에 맞지 않는 것이라면 실패나 어려움이 생겼을 때 그것을 극복하기가 더 어려워지기 때문입니다. 저학년 담임을 할 때 한글 공부를 너무 이른 나이에 잘못된 방법으로 시작해서 오히려 역효과를 경험하는 안타까운 일을 자주 봤습니다.

아이의 속도에 맞춰주세요

자전거로 예를 들겠습니다. 처음 자전거에 태울 때 "균형도 잘 잡아야 하고 발도 잘 굴러야 해. 한 번에 잘할 수 있지? 절대로 넘어지지 마." 하는 부모는 없을 것입니다. 대신 "넘어져도 괜찮아. 그러면서 배우는 거야. 처음에는 다 그래. 그래도 해보는 게 용감한 거야." 하고 말합니다. 아이들은 넘어지기도 합니다. 하지만 자전거를 타고 싶어 하는 아이라면 다시 자전거에 오르고 싶어 합니다.

부모는 혼자 일어나려는 아이를 도우며 이렇게 말합니다. "괜찮니? 다친 곳은 없어? 우리 아들(딸) 정말 장하다." 아이는 결국 균형을 잡는 방법, 핸들을 움직이는 방법, 발을 구르는 방법 등 하나씩 자신의 속도에 맞게 터득해 나갈 것입니다. 육아나 교육도 자전거를 배우는 아이에 대한 태도로 시작하면 좋겠습니다. 세상에 대한 호기심으로 가득 찬 아이가 호기심을 하나하나 해결해나가고 성장하도록 도와주는 것은 그 어떤 육아 로봇이 개발되더라도 대체할 수 없는 부모의 고유한 역할입니다.

미래를 준비하는 교육에서도 마찬가지입니다. 주변 분위기에 휩쓸리거나 다른 아이들의 발달 속도에 따르는 것이 아니라 내 아이에게만 초점을 맞추고 지금 현재 내 아이에게 꼭 필요한 것이 무엇인지에 집중을 해야 할 것입니다. 한 번에 하나씩.

※ 사.자.교육(사람다움 자녀교육) 핵심 노트

1. 속도가 빠르다고 해서 바른 것이 아닙니다. 남들 속도에 맞출 필요 없어요.
2. 한 번에 하나씩, 차근차근 아이의 속도에 맞춰주세요.
3. 불안해 마세요. 아이들이 무사히 일과를 마치고 잠들었다면 하루 임무를 완수한 것입니다.

Q10.

가정 교육, 뭐부터 어떻게 해야 할지 감이 안 온다면?

인생은 B와 D 사이 C이다. (Life is C(choice) between B(birth) and D(death)).

인생은 선택의 연속입니다. 아이들 앞날에 좋은 일들만 일어나길 바라는 것은 모든 부모의 마음일 것입니다. 올바른 선택으로 인생을 잘 헤쳐 나가도록 하려면 가정 교육이 출발점이 되어야 합니다. 어떻게 하면 우리 아이들이 성장하면서 매 순간 바른 선택을 할 수 있을까요?

선택의 기준이 되는 가치들을 어릴 때부터 교육해야 합니다

인디언 교훈에 따르면 인간의 마음속에는 하얀 개와 검은 개가 산다고 합니다. 하얀 개는 선이고 검은 개는 악입니다. 우리가 선한 행동을 선택할 때 하얀 개에게 먹이를 주게 되고 하얀 개가 건강하게 자라 쉽게 선한 선택을 합니다. 반대로 악한 행동을 선택할수록 검은 개가 강해지고 악한 행동을 쉽게 선택하게 됩니다. 마음속에 검은 개가 자라도록 잘못된 선택을 해서 생기는 일들은 스스로 자초한 일입니다.

큰 인기를 누리며 잘나가는 연예인들이 마약이나 음주운전, 도박 등으로 나락으로 가는 것은 잘못된 선택에 대한 결과입니다. 그래서 선택에는 항상 책임이 따릅니다. 아이들이 어리면 어릴수록 더욱 선택의 기준이 되는 가치들을 알려주고 성품을 교육해야 하는 이유입니다. 미래에는 선택해야 하는 일과 그에 따른 책임이 많아질 것입니다. 초등학교 도덕 과목에서 가르치는 10가지 이상의 가치 덕목이 있습니다. 그중 반드시 가르쳐야 하는 가치 덕목 4가지만 뽑자면 용기, 성실, 책임감, 배려입니다.

첫째, 용기란 씩씩하고 굳센 기운, 무엇이든 겁내지 않는 기개라고 합니다. 용기가 있어야 어려움이 생겼을 때 환경을 탓하거나 상황을 회피하지 않고 정직하게 이겨낼 수 있습니다. 두렵지만 피하지 않고 해보는 태도, 용기 있게 행동하는 아이들이 잘 성장하는 것을 자주 지켜봤습니다.

브래드(가명)는 학습이 느린 아이였습니다. 1학년 때 한글을 다 익히지 못해서 2학년 1학기까지도 학습 태도가 좋지 않고 공부 정서가 많이 망가진 상태였습니다. 자연스럽게 학교생활에 위축이 되고 교우 관계에서도 문제가 생겼습니다. 브래드의 부모님과 상담을 해보니 가정 환경에 어려움이 있었습니다. 다행히 브래드는 용기를 가진 씩씩한 아이였습니다. 2학년이었음에도 불구하고 스스로 가방을 챙겼고 옷도 스스로 챙겨 입고 등교했습니다. 공부는 1학년 과정부터 하나씩 차근차근 다시 학습했습니다. 2학년 아이가 1학년 공부를 다시 하는 것이 얼마나 힘들고 마음이 어려웠을까요? 하지만 브래드는 두렵고 힘든 마음을 극복하려고 용기를 내었습니다. 잘 모르고 어려운 문제들을 하나씩 다시 배우고 성취해 나갔습니다. 2학년을 마칠 때 브래드는 3학년 공부도 거뜬히 할 수 있을 정도로 많이 성장했고 자신감도 회복해서 밝은 모습을 찾았습니다.

"인생이 너에게 신맛과 쓴맛의 레몬을 준다면 그 레몬으로 레모네이드를 만들렴. 인생은 너에게 이렇게 말할 거야. 얘는 뭐지? 시련을 줬더니 더 멋진 걸작품이 되었네? 위기와 실패를 두려워 하지 마."

(When life gives you lemons, make lemonade.)

– 〈모던 패밀리〉 대사 응용

둘째, 성실입니다. 성실함이란 정성스럽고 매사에 참되다는 뜻을 가지고 있습니다. 성실함은 하루아침에 길러지지 않습니다. 학생이라면 학교에 다녀야 하고 매일매일 주어지는 일상에 충실하며 학교생활에도 최선을 다해야 합니다. 자신에게 주어진 하루하루에 정성스럽고 진실하게 최선을 다하는 것, 그것이 성실한 아이의 모습입니다.

클라라(가명)는 다섯 남매 중에 첫째 아이였습니다. 3학년이었던 클라라는 같은 학교에 다니는 1학년과 2학년 동생들을 먼저 교실에 데려다주고 3학년 교실로 올라왔습니다. 집에서도 바쁜 엄마와 아빠를 대신해서 동생들의 숙제와 학교 준비물을 챙겨주었습니다. 물론 가끔 멍하니 허공을 응시하거나 쉬는 시간에도 책상에 앉아서 조용히 책을 보곤 했지만 수업 시간에 딴 짓을 하거나 엎드려 있는 것은 본 적이 없었습니다. 초롱초롱한 눈으로 수업에 집중했고 주어진 과제도 끝까지 해냈습니다. 클라라의 부모님과 상담을 할 때면 저도 아이들을 클라라처럼 키우고 싶다고 말하곤 했습니다. 클라라가 매사에 성실한 아이로 자랄 수 있던 비결은 무엇이었을까요? 클라라는 성실한 부모님의 등을 보고 자랐고 칭찬과 사랑의 언어를 충분히 받고 있었습니다.

셋째, 책임감입니다. 책임감이란 맡아서 해야 할 의무나 임무를 중요하게 여기는 마음입니다. 자기에게 주어진 모든 것들을 좋은 방향으로 이끄는 것입니다. 교실에서도 책임감이 남다른 아이들은 희생을 알고 있었습니다. 피터 팬 이야기를 예로 들어보겠습니다. 피터 팬은 몸만 어른인 아이, 자라지 않는 마법의 소년입니다. 영원히 늙지 않고 자라지 않습니다. 그런데 현실의 아이들은 피터 팬이 아닙니다. 우리 아이들이 20대, 30대가 되었는데도 잠재력만을 가진 채 희생과 책임 없는 어른이 되어 있다면 속상하실 겁니다. 아이가 어릴수록 잠재력을 희생해서 성숙한 어른으로 성장하는 것의 중요성을 일깨워주면 좋겠습니다. 예를 들면 아이들이 게임에 시간을 쓰지 않고 숙제하거나 집안일을 도왔을 때 게임을 하는 것보다 더 큰 기쁨과 보람을 느낀다면 이 아이는 자신의 시간을 희생하는 방법, 즉 시간을 잘 쓰는 법을 쉽게 배울 수 있습니다.

책임감 있는 모습을 먼저 보여주세요

교실에서 만난 책임감 있는 멋진 아이들은 대부분 직업에 상관없이 가족을 위해 최선을 다하는 부모의 뒷모습을 보고 자란 아이들이었습니다.

영호(가명)는 꿈을 이야기하는 시간에 청소부가 되고 싶다고 했습니다. 학급에서 인기도 많고 똑똑한 아이였죠. 영호(가명)의 부모는 청소부가 되고 싶다고 하는 말에 처음에는 좋지 않은 반응이었습니다. 하지만 아이의 깊은 속내에 곧 마음이 풀어지셨죠. 아이가 잘 자라서 정말 유능하고 책임감 있는 청소부가 된다면 실력을 인정도 받고 회사도 차려서 다른 직원도 고용하고 그들의 행복과 가족까지 책임질 수 있게 될 것이라는 사실을 알게 된 것입니다. 책임감을 갖춘 아이는 자라서 다른 사람 인생에도 좋은 기여를 할 수 있습니다.

넷째, 나누고 배려하는 태도입니다. 배려란 도와주거나 보살펴주려고 마음을 쓰는 것을 말합니다. 아이들이 누군가에게 도움을 주고 가치 있는 일을 하는 어른으로 자라면 어떨까요? 어릴 때부터 집안일을 배우고 가족을 도우며 공동체에 기여하는 마음을 지닌 아이들은 어른이 되어서도 내 주변 사람들에게 도움을 줄 수 있는 구성원이라고 스스로 느끼며 행복한 인생을 살게 될 것입니다. 특히 아이들이 살아갈 미래 사회에서는 다른 사람과 협력을 하여 성과를 만들어내야 하는 경우가 많을 것입니다.

애덤 그랜트의 책『기브 앤 테이크』에는 이런 내용이 있습니다. 주는 것을 즐겨하는 사람인 기버(giver), 받은 만큼 똑같이 돌려주는 사람, 그리고 받는 것만 좋아하는 테이커(taker)의 이야기가 나오죠. 성공의 사다리가 있는데요. 성공의 사다리 맨 위쪽에 주는 것을 즐겨하는 사람들이 있습니다. 이들은 나누고 공동체에 기여하는 것을 즐기는 사람들이라고 합니다. 배려하고 나누는 행동은 주변에도 긍정적인 영향을 끼칩니다. 주변 더 많은 사람에게 도움을 줄 수 있다면 개인적인 장점이나 스스로 삶의 의미도 찾을 수 있습니다. 물론 주기만 하고 받지 못했을 때, 내가 준

만큼 상대가 보답하지 않을 때 상처를 받거나 좌절을 할 수 있습니다. 하지만 되돌려 받을 생각 없이 자신이 속한 공동체에 기여하고 도움이 필요한 사람에게 무언가를 줄 수 있는 것 자체에 집중한다면 당장의 대가가 없더라도 언젠가는 바른 품성으로 인해 더 많은 보상이 따르고 삶을 가치 있게 가꿀 수 있을 것입니다.

부모로서 바른 성품과 가치를 전수하는 것이 공부 잘하는 아이로 키우기 위해 노력하는 것만큼, 어쩌면 미래 사회에서는 그 이상 중요할지도 모릅니다. 아이들에게 긍정적인 삶의 태도와 용기, 성실, 책임, 배려와 기여의 성품을 교육해주시면 좋겠습니다. 저와 부모님들의 아이가 급변하는 미래의 어떤 예기치 못한 환경과 어려움에서도 올바른 선택을 하며 의미 있는 삶을 살아가는 어른으로 성장하길 바라는 마음입니다.

※ 사.자.교육(사람다움 자녀교육) 핵심 노트

긍정적인 태도, 용기, 성실, 책임감, 나누고 배려하는 태도는 올바른 선택의 길라잡이가 되어 줄 것입니다. 선택의 기준이 되는 가치들을 어릴 때부터 알려주세요.

육아를 대신 해주는 로봇이 나온다고?

저출산 문제를 해결하기 위해 육아 로봇을 개발 중이라고 합니다. 로봇에게 아이를 맡기고 출근한다면 얼마나 편할까요? 물론 이 로봇이 엄마나 아빠, 혹은 할머니, 할아버지처럼 아기를 사랑해준다면 말입니다. 부모님의 역할 첫 번째는 자녀에게 끊임없는 지지와 애정을 주는 것입니다. 100년 전에도 그랬고 100년 후에도 가장 중요한 역할일 것입니다. AI 로봇은 젖병을 입에 물리거나 기저귀를 갈아주고 아이에게 음악을 들려줄 수는 있을 것입니다. 하지만 부모의 사랑을 대체할 수 없습니다.

긍정적인 언어와 체온이 담긴 스킨십으로 애정을 전달해주세요

먼저 긍정적인 언어로 전달해야 합니다. 씨앗이 심겨진 땅에 정성스럽게 물을 준다면 꽃이 피어나는 것과 비유하겠습니다. 부모님의 애정이 어린 언어와 체온이 담긴 스킨십은 햇빛과 물입니다. 긍정적 태도와 용기, 성실, 책임감, 배려 등 성품은 좋은 땅입니다. 아이들의 잠재력은 씨앗입니다. 좋은 땅에 심겨진 씨앗에 끊임없이 햇빛과 물을 준다면 아이는 꽃을 스스로 피워낼 것입니다. 아이를 자주 안아주세요. 그리고 애정 어린 말을 자주 해주세요.

"엄마는 너를 항상 사랑하고 지지한단다. 용기를 갖고 무엇이든 한 번에 하나씩 시도해봐. 실패해도 된단다. 다시 하면 되니까. 매사에 정성스런 마음으로 최선을 다하렴. 기꺼이 시간과 에너지를 희생하고 맡겨진 임무에 책임감을 가지면 좋겠다. 방 청소 도와줄래? 함께 도우면 금방 우리 집이 깨끗해질 거야."

아이가 자신의 가치를 발견할 충분한 시간을 주세요

부모님의 두 번째 역할은 아이에게 시간과 여유를 주는 것입니다. 미래 사회를 준비하기 위해 가장 먼저 해야 할 일은 그동안 해오던 것들 중에 시간 낭비가 되는 것들을 과감히 하지 않는 것이라고 했습니다. 아이들에게는 역량을 기르고 자신만의 삶의 가치를 발견할 시간과 여유가 필요합니다. 아이가 스스로의 마음을 들여다보고 마음의 소리를 들을 수 있는 시간과 여유를 주고 기다려 주어야 합니다.

학급에서 아이들과 지내다 보면 각자 맡은 역할을 정할 때가 있습니다. 모든 아이들이 각자 자기가 하고 싶은 역할을 정했는데 딱 한 아이만 턱을 괴고 뾰루퉁한 표정을 짓고 있었습니다. 왜 그런지 물어보니 "저는 아무것도 하기 싫어요." 하더라구요. 그래서 이유를 재차 물었습니다. 재미도 없고 왜 해야 되는지 모르겠다고 하더라구요.

저는 그 아이에게 이렇게 말했습니다. "네가 학급 연필깎이를 관리한다는 것은 선생님과 우리 반 친구들에게 정말 도움이 되고 없어서는 안 될 중요한 사람이 되는 거야.", "네 덕분에 우리 반이 더 좋은 곳이 될 거다."

이후에 아이의 마음에서 무슨 일이 일어났는지 표정이 밝아지더니 "그럼 할게요.", "책꽂이도 제가 정리하고 싶어요."라고 하더라구요.

최선을 다하는 자존감 높은 아이를 만드는 열쇠는 부모님의 애정과 지지입니다

아이들이 세상에 태어난 사실만으로도 이미 보석같이 귀중한 존재잖아요? 각자 가지고 있는 개성과 재능으로 세상에 정말 도움을 줄 수 있는 중요한 사람이라고 느끼게 해주어야 합니다. 스스로가 소중하다는 믿음을 줄 수 있는 가장 영향력 있는 존재가 부모입니다. 아이가 어리면 어릴수록 부모는 조건 없는 애정과 지지를 아이에게 전달해야 합니다. 아이가 자라면서 경쟁을 하거나 원하는 것을 얻기 위해 시험을 통과해야 할 일들이 많아질 것입니다. 부모님의 애정과 지지를 받고 자란 아이들은 실패와 패배감 속에서도 꿋꿋하게 다시 일어설 수 있을 것입니다.

※ 사.자.교육(사람다움 자녀교육) 핵심 노트

육아 로봇이 아무리 똑똑해도 부모에게 사랑받는 느낌을 아이에게 전달할 수 없습니다. 부모님의 사랑은 애정이 담긴 긍정적인 언어, 체온이 느껴지는 스킨십으로 아이에게 전달됩니다. 아이에게 시간과 여유를 주세요. 아이를 자주 안아주세요. 그리고 애정 어린 말을 자주 해주세요.

2부

입학부터 졸업까지

AI 시대를 맞아 교육부와 많은 교육 관계자들도 사회의 변화에 맞춰 다양한 노력을 하고 있습니다. 하지만 다양한 아이들이 모여 있고 다양한 상황을 고려해야 하는 공교육의 특성상 급격한 변화를 기대하기는 어렵습니다. 변화에 따른 혼란으로 인해 더 큰 부작용이 있을 수 있기 때문입니다. 앞으로 어떤 변화가 있더라도 여전히 중요한 기본적이고 필수적인 자녀교육 및 초등학교생활 팁에 대해 평소 상담했던 내용을 바탕으로 Q&A식으로 정리했습니다.

1장

우리 아이 초등 6년을 결정하는 입학 준비 시기

AI 시대, 사립초 VS 공립초 어디가 더 나을까요?

미래 사회에서는 교육이 점점 더 서비스화되고 개별화되기 때문에 사교육 시장도 지금보다 다양해질 것이며 개인별 맞춤식으로 변화할 것입니다. 사교육과 공교육을 접목시킨 사립초등학교에 대한 관심도 많아질 것이라 봅니다. 사립초에서 근무했던 경험을 바탕으로 중립적인 입장에서 답변을 정리해 보았습니다.

사립초는 돈이 많이 드나요?

사립초를 보내려면 공립초와는 다르게 돈을 냅니다. 2019년 기준 분기별로 삼백만 원 정도였으니 1년에 천만 원에서 천이백만 원 정도가 되겠네요. 이건 순수 학비만이고 여기에 교복비, 입학비, 체험활동비, 캠프비, 그리고 스쿨버스 비용 등이 더 추가가 됩니다. 이게 벌써 몇 년 전 이야기라 지금은 더 많은 비용이 들 수 있습니다. 학교마다 차이가 있겠지만 한 달에 평균 백만 원 정도 내는 것으로 생각하면 될 것 같습니다. 부모 입장에서 한 달에 백만 원씩 내는데 그럴 만한 가치가 있는지 따져봐야겠죠?

사립초는 뭐가 다를까?

첫째, 영어 교육입니다. 물론 공립초와 사립초의 영어 시수는 같지만 영어 수업 방식이 완전히 다릅니다. 사립초는 대부분 이머전(Immersion) 교육이라고 해서 원어민 교사가 여러 명 있습니다. 이머전(Immersion) 교육이란 외국어를 따로 가르치지 않고 일반 교과목 내용을 해당 외국어로 가르치는 언어 교육 방법입니다. 대부분 한국인 영어 교사, 또 원어민 영어 교사 이렇게 둘이 함께 영어 수업을 진행합니다. 학교마다 차별화를 두는 부분은 어떤 학교는 원어민 교사와 한국인 영어 교사가 동시에 수업을 하고 어떤 학교는 한 시간씩 나눠서 수업을 하기도 합니다. 수학이나 사회 수업을 원어민 선생님과 하는 학교도 있습니다. 이런 식이니 아무래도 영어에 대한 노출이 많겠죠? 그럼 사립초는 공립초보다 영어 수업 시간이 더 많은 걸까요? 국가에서는 2020년 기준 일주일에 최소 영어 수업 시간 기준을 3, 4학년 2시간, 5, 6학년 3시간 정도로 정해놓았습니다. 이런 기준 때문에 대한민국 어떤 사립초등학교도 이 틀에서 벗어날 수 없습니다. 그래서 대부분의 사립초등학교가 방과 후 수업 시간이나 창체 시간 특색활동을 외국 문화 체험활동으로 구성하거나 사회나 수학 수업을 영어로 하는 방법으로 영어에 대한 노출시간을 늘리는 겁니다. 결론은 사립초등학교는 영어에 대한 노출 시간이 공립초에 비해 훨씬 많습니다.

두 번째는 하교 시간의 차이입니다. 예를 들면 서울의 한 사립초등학교는 블록 타임제로 시간표를 운영합니다. 블록 타임제는 한마디로 1교시 수학, 2교시 수학 이렇게 2시간을 연달아서 한 과목 수업 시간을 융통성 있게 운영하는 방식입니다. 그리고 방과 후 시간에는 전체적으로 영어 회화를 배웁니다. 그래서 1학년부터 6학년까지 동일하게 4시 20분쯤 스쿨 버스를 타고 하교를 하고 있습니다.

블록 타임제가 아닌 학교들도 비슷합니다. 제가 맞벌이를 하는 입장이라면 1학년 때부터 아이들이 5시가 다 되어서 집에 도착하니까 퇴근 후 데리러 가는 시간을 맞출 수 있어서 좋을 수도 있겠습니다. 실제로 제가 사립초등학교에 근무할 때 생각을 해보면 맞벌이하시는 부모님들이 많아서 스쿨버스를 타지 않고 학원 버스를 타고 하교 후에도 학원에 들렀다가 집에 가는 학생들도 많았습니다. 그런데 제가 1학년 아이 입장이라면 힘들 것 같았습니다.

세 번째로 다른 점은 사립초에는 다양한 수업이 많다는 점입니다. 승마, 펜싱, 태권도, 합창, 플룻, 첼로, 바이올린, 중국어, 스케이트, 스키, 수영 등 다양한 활동이 있습니다. 학원에서 배울 수 있는 것들이 사립초등학교 교육 과정에 포함되어 있습니다. 분명히 사립초의 매력은 이렇게 학원을 보내야만 접할 수 있는 원어민 영어, 승마, 태권도, 악기 등등을 패키지로 가르친다는 점입니다. 그런데 만약에 우리 아이가 영어 유치원을 나왔고 태권도나 악기를 접해봤는데 흥미가 없고 배우기 싫어한다면? 그럼에도 불구하고 학교에서 커리큘럼상 원어민 수업을 계속해야 하고 태권도도 배우고 악기도 배워야 합니다. 비유하자면 편의점에서 2+1이라고 해서 샀는데 1개만 먹고 나머지 2개는 버리게 되는 상황이 될 수도 있다는 것입니다.

그래서 부모님의 교육관이 정말 중요합니다. 무조건 사립이라고 해서 더 양질의 교육을 제공받는 것은 아니고 만약 주변에 정말 잘 알려주는 플루트 선생님이 있다거나 아이가 미술을 좋아하는데 그 욕구를 채워줄 수 있는 미술학원 선생님이 있다면 굳이 사립에 보내지 않아도 됩니다. 구슬이 서 말이라도 꿰어야 보배란 속담처럼 아무리 좋은 것들로 패키지를 묶어 놨어도 결국 내 아이가 그 패키지 안에 있는 것들을 다 좋아할 지, 혹은 다 소화할지가 더 중요합니다.

사립초와 공립초의 또 다른 큰 차이점 중 하나가 바로 친구 관계입니다. 장단점이 뚜렷합니다. 일단 사립초는 여기저기서 스쿨버스를 타고 등하교를 합니다. 동네 학부모들끼리 마음이 잘 맞아서 같은 사립초등학교에 보내지 않으면 여기저기 다양한 지역에 사는 아이들이 같은 반이 됩니다. 그래서 장점은 다양한 지역의 친구들을 사귈 수 있다는 점입니다. 동시에 단점도 됩니다. 집이 가까운 동네 친구가 없을 수 있다는 점입니다. 그래서 부모님들이 기회를 만들어서 친한 아이들끼리 주말에 삼삼오오 놀거나 특별히 어떤 시간을 내어서 아이들의 교우관계를 위해 노력하는 경우도 많이 있었습니다.

또한 학급 수의 경우 적으면 한두 반, 많아봐야 서너 반으로 구성이 되는데 상대적으로 1학년부터 6학년까지 같은 반을 했던 친구랑 또 같은 반이 되는 경우가 많습니다. 만약 서로 사이가 안 좋거나 학폭 같은 일이 일어나면 꽤 골치가 아파질 수 있습니다. 실제로 교우관계로 전학을 가는 학생들도 있었습니다. 그럼에도 사립초 부모들은 이러한 점들을 입학할 때 어느 정도 알고 있기 때문에 대부분 아이들끼리 사소한 문제가 생겼을 때 집에서 아이를 잘 다독이고 지도해서 친구와 화해하거나 조심하도록 담임 교사와 학교 일에 긍정적으로 협조하는 경우가 많았습니다. 반대로 생각하면 정말 마음이 잘 맞는 친구랑 더 깊게 오래 친해질 수 있어서 좋다는 아이들도 많았습니다.

그리고 대부분 경제적으로 여유가 많은 가정의 아이들이 다닙니다. 차로 예를 들면 나름 우리 동네에서는 외제차를 타면서 우쭐했는데 사립초등학교에 와보니까 온갖 종류의 고급 스포츠카들이 많은 것에 비유할 수 있겠습니다. 그래서 아이도 그렇고 부모님도 그렇고 이런 압박감이나 상대적 박탈감으로부터 자유롭거나 확고한 가치관으로 중심이 잘 서야 아이 교우관계나 학부모 관계에서도 주눅이 들지 않고 즐겁게 다닐 수 있습니다.

사립초에서도 원격수업을 할까?

코로나와 같은 전염병이 심해지면 모든 학교가 원격수업을 합니다. 사립초도 예외는 아닙니다. 사립초에서 온라인 수업을 하는 경우 1학년부터 각 가정마다 태블릿을 나눠주기도 합니다. 아이들은 교복을 입고 책상 앞에 앉아서 쌍방향 수업이나 블랜디드형 수업에 참여합니다. 원격수업과 등교수업을 섞기도 합니다. 다만 거리두기로 인해 등교 인원에 제한이 걸리면 운영 방식에 다소 차이가 생깁니다.

한 반에 30명인 경우 15명은 오전에 교실 수업을 하고 나머지 15명은 체험수업을 합니다. 예를 들면 반은 승마, 수영, 오케스트라, 스케이트 등등을 하고 나머지 반은 교실 수업을 한 뒤 오후에는 바꿔서 하는 식으로 운영을 한다는 것입니다. 이렇게 학교마다 특색도 다르고 운영 방식에도 많은 차이가 있습니다. 사립초등학교에 아이를 보내고자 한다면 보내고 싶은 사립초등학교를 서너 군데 이상 정한 뒤 순차적으로 입학설명회에 꼭 참석하는 것을 추천합니다. 그리고 사립초의 정보 공유하는 온라인 커뮤니티들도 많으니 검색하고 가입해서 정보를 얻을 수 있을 것입니다. 입학설명회는 보통 10월~12월 사이에 열립니다. 그리고 추첨을 통해서 입학합니다. 그런데 비슷한 조건의 학교끼리는 대부분 추첨 날짜가 겹치는 학교가 많아서 신중히 잘 골라야 할 것입니다.

왜 사립초에 보내려고 하는지 부모님의 확고한 교육관이 중요합니다

그밖에 사립초의 특징은 교복을 입는다는 것과 방학 중 해외 어학 캠프, 해외 수학여행, 잦은 체험학습 등이 있겠습니다. 또한 학년마다 정원이 정해져 있으므로 전학으로 들어가기가 쉽지 않습니다. 1학년 때 전입을 희망해서 대기하던 학생이 5학년이 되어서야 입학을 했던 사례도 있었습니다. 그밖에 이런 질문도 많았습니다. 사립초등학교 선생님들이 아이들에게 더 많은 신경을 쓸까요? 사립초등학교가 시설이 더 좋나요? 사립초에 다니는 아이들이 더 말을 잘 듣나요? 더 학업 수준이 높나요? 등등… 한마디로 대답할 수 있습니다. 케바케입니다. 케이스 바이 케이스라고 하죠? 모든 사립초등학교 선생님들이 아이들을 더 챙겨주고 더 신경을 쓰는 것은 아닙니다. 시설도 대부분 사립초등학교의 경우에는 예

전에 지어진 건물이 많기 때문에 최근 개교하는 공립초보다 시설이 좋지 않은 경우도 있습니다.

아이들 또한 정말 다양한 가정환경에서 자란 다양한 아이들이 있습니다. 그런데 제가 한 가지 단언할 수 있는 것은 사립초에 다닐 정도의 소위 부잣집 아이들이 더 사랑을 많이 받고 자라서 더 예쁘게 행동하거나 반대로 건방지고 예의 없다는 것은 사실이 아니라는 것입니다. 부모님의 맞벌이로 인해 가족끼리 대화가 부족하거나 가정 교육에 부모가 시간을 쏟지 않는 아이들도 있었습니다. 부모님의 사회적, 경제적 지위에 상관없이 가정에서 부모가 아이를 어떻게 대하는지가 사립초에 보낼지 말지 고민하는 것보다 훨씬 중요하다는 입장입니다. 제가 사립초에 근무할 때 만난 대부분의 아이들은 주변 사람들의 관심과 사랑 안에서 무럭무럭 자라갈 사랑스러운 예쁜 아이들이었습니다.

결론입니다. 사립초에 보내느냐 공립초에 보내느냐 이 선택을 하기에 앞서서 먼저 부모님의 교육관과 가치관이 확고해야 합니다. 그래서 확고한 가치관을 바탕으로 다양한 수업을 패키지로 묶어서 가르치겠다고 판단이 서면 사립에 보내면 좋겠습니다. 만약 조금 더 여유를 갖고 지켜보면서 아이가 하고 싶어 하는 다양한 방과후 수업을 선택적으로 교육하고 싶다는 학부모님께서는 공립을 보내시면 됩니다. 이 경우 공립초등학교의 방과후 프로그램이나 학원 등의 사교육을 선택적으로 이용하시는 것을 추천합니다.

※ 사.자.교육(사람다움 자녀교육) 핵심 노트

사립초는 공립초와는 다르게 한 달에 평균 100만 원 정도의 돈을 냅니다. 영어 노출이 많고 스쿨버스를 타야 하므로 등하교 시간이 다르며 다양한 지역에서 다양한 배경의 아이들과 친구가 됩니다. 단점도 뚜렷하니 부모님의 확고한 교육관에 따라서 판단해주세요.

한글을 떼지 못한 아이, 그냥 입학해도 되는지 고민이라면?

입학 전이라면 억지로 한글 공부를 시키지 않아도 됩니다. 한글은 학교에서 책임지고 있습니다. 그런데 아이가 입학 전이라고 하더라도 한글에 대한 호기심이 있고 알고 싶어 한다면 아이의 한글 공부를 입학 전이라도 미리 해보는 것도 좋습니다.

제 아이들의 경우 차로 이동할 때마다 간판 글자를 궁금해했습니다. 그래서 그때그때 조금씩 알려주었더니 입학 전에 어느 정도 한글에 대해 인지하게 되더라구요. 다행히 세종대왕은 말을 할 줄 아는 사람은 누구나 한글을 배울 수 있도록 쉽게 만들었습니다. 5살 아이들도 한글을 배울 수 있는 이유입니다.

가, 나, 다보다 ㄱ, ㄴ, ㄷ 먼저!

한글 공부할 때 가장 좋지 않은 방법이 무엇일까요? 바로 단어나 문장 먼저 보여주고 통글자로 외우게 하기입니다. 예를 들면 자음 공부를 하는데 가지, 토마토 등의 단어를 보여주면서 통으로 쓰거나 외우게 하면 아이들은 한글을 그림처럼 배우게 됩니다. 물론 통글자로 알려줘도 기억력이 좋은 아이들은 시각적으로 잘 흡수해서 통으로 암기하는 아이들도 있습니다.

그런데 이런 아이들은 극히 드뭅니다. 통글자로 암기한 아이들의 경우 한글 단어를 받침부터 쓴다거나 좌우 방향이 반대가 되는 등 이후 한글을 익히는 데 오히려 혼란과 어려움이 생깁니다. 한글의 기본 원리는 각각 자음과 모음이 어떤 소리가 나는지 따로 익힌 후 그 소리들을 조합해서 만들어내는 것입니다. 그래서 각 자음과 모음의 소리가 어떻게 나는지를 먼저 가르쳐야 합니다.

초등학교 한글 교과서에는 이 원리가 잘 반영이 되어 있습니다. 자음은 사람의 입 안 모양과 목구멍 모양을 본을 떠서 만들었고 모음은 해와 사람, 땅을 보고 만들었습니다. 처음에는 모음부터 공부하는 것이 좋습니다. 모음은 혼자 소리를 낼 수 있기 때문입니다. 자음은 혼자 소리를 낼 수 없어서 아이들이 배우고도 바로 글자를 결합하기가 어렵습니다. 그래서 ㅏ, ㅓ, ㅡ, ㅣ, ㅗ, ㅜ 등의 단모음을 먼저 배우고 나면 'ㅐ' 같은 이중모음도 쉽게 배울 수 있게 되고 이후 자음을 익히면서 '가' '나' '다' '라' 등의 글자를 쉽게 이해할 수 있게 됩니다.

모음과 자음의 소리를 더하면서 공부하기, 한글 공부의 지름길

가장 효과적인 한글 공부 방법은 무조건 단어나 글자를 외우게 하는 것이 아니라 만들어진 원리를 통해서 각각 모음과 자음의 소리를 먼저 알고 합성하는 것입니다.

예를 들면 가를 공부할 때 기역, 즉 '그'라고 소리 나는 자음과 '아'라고 소리 나는 모음을 순차적으로 합쳐보게 하는 겁니다.

"이건 기역이라는 자음인데 '그' 소리가 나."

"그리고 이건 '아'라는 모음인데 두 가지 소리를 순서대로 합쳐보자."

"먼저 기역 한번 발음해볼까?"

"그-"

"그렇지 잘했어."

"그- 하면서 기역을 발음하다가 연속해서 '아'라는 모음을 발음해보자."

"그-아."

"잘했어! 좀 더 빨리 합쳐볼까?"

"그-아, 그아."

"잘했어. 좀만 더 빨리 해볼까?"

"가, 가."

이런 식으로 소리들을 합쳐서 발음해보고 익히도록 하는 것이 한글 공부의 가장 효율적인 지름길입니다. 소리를 정확히 알게 되고 소리끼리 합성하는 방법을 익히면 이후에는 어떤 글자도 유추하고 표현할 수 있습니다.

모든 글자의 기초가 되는 점 그리기와 선 긋기

한글 공부 전에 먼저 하면 좋을 활동을 추천해보겠습니다. 바로 선긋기입니다. 한글은 대부분 직선과 사선, 점, 동그라미로 되어 있습니다. 그래서 한글 공부하기 전에 먼저 선긋기 연습부터 하는 것을 추천합니다. 점을 찍고 점과 점을 선으로 연결하는 연습을 하면 소근육도 발달하게 되고 이후 글씨를 쓸 때도 많은 도움이 될 것입니다. 혹여나 아이가 입학하고 나서 적응을 못할까 봐 급한 마음에 한글을 단어부터 무작정 외우게 되면 처음에는 효과가 있어 보여도 이후 한글 공부에 문제가 생길 것입니다.

아이가 원하지 않으면 굳이 한글을 미리 공부하지 않아도 되지만 불안한 마음에 가정에서 미리 준비하고자 한다면 모음과 자음이 무슨 소리가 나는지 정도만 알려주세요. 입학하고 나서 아이마다 속도의 차이만 있을 뿐 결국 한글을 습득하는 것에는 문제가 없을 것입니다.

※ 사.자.교육(사람다움 자녀교육) 핵심 노트

한글은 학교에서 책임을 지기 때문에 미리 공부하고 오지 않아도 됩니다. 하지만 아이가 관심을 보인다면 창제 원리에 맞게 알려주세요. 한글 공부의 지름길은 모음과 자음 각각의 소리를 깨닫고 합성하는 것입니다.

초등 돌봄 교실, 방과후 학교, 학원의 차이점은?

초등 방과후 프로그램은 학교에서 이루어지는 사교육 활동입니다. 모든 아이가 반드시 해야 하는 것은 아닙니다. 방과후 프로그램은 정말 다양합니다. 컴퓨터, 미술, 논술, 공예, 만들기, 코딩 수업 등 많은 프로그램이 있습니다. 대신 학교마다 프로그램이 많이 다른데요. 이유는 어떤 방과후 선생님이 학교에 채용되었는지에 따라서 조금씩 차이가 날 수 있기 때문입니다.

예를 들면 A학교에서 플루트 선생님을 구했다면 플루트 반이 개설되고 B학교에 바이올린 선생님이 있다면 바이올린 반이 개설됩니다. 수업 시간도 과목마다 다양해서 아이 픽업 시간과 하교 시간을 고려하여 우리 아이에게 적합한 프로그램을 신청해야 합니다. 보통은 학기 초에 강좌별로 수강 신청 안내서와 간단히 강좌를 소개하는 통신문을 가정에 전달하게 됩니다. 강좌 신청은 학기별 또는 분기별로 하고 신청자가 너무 없는 강좌는 폐쇄되며 반대로 너무 많은 강좌는 선착순으로 뽑습니다.

돌봄 교실은 주로 저학년에서 이루어지며 아이의 하교 시간부터 학교가 문을 닫는 시간인 오후 5시 또는 그 이후까지 아이들을 교실에서 돌보아주는 제도입니다. 규모가 작은 학교는 1개의 교실, 큰 학교는 4개에서 5개 정도까지 인원을 뽑습니다. 지원한다고 모두 되는 것은 아닙니다. 부모님이 맞벌이인지, 자녀가 한 명인지 여러 명인지 등등 다양한 조건을 고려해서 더 급한 가정이나 더 필요한 가정의 아이들을 우선 뽑고 있습니다. '정원이 30명이고 한 학년에 6개 반이 있다.'라고 가정하면 1반부터 6반까지 같은 학년 아이들로 반마다 5명씩 뽑기도 하고 아니면 1~2학년 섞어서 한 학급에 배정하기도 합니다.

방과후와 돌봄의 차이점은 방과후는 시간이 주로 40분에서 80분 그리고 일주일에 한두 번 하게 되는 것이 보통입니다. 학교 안에서 다니는 학원이라고 생각하면 됩니다. 돌봄 교실은 방과후와 다르게 특별한 일이 없으면 매일 갑니다. 예를 들면 학교 수업을 4교시에 마치는 날은 오후 한 시부터 다섯 시까지, 5교시 하는 날은 2시부터 5시까지 운영합니다. 그래서 맞벌이 가정의 경우 방과후 학교보다는 돌봄 교실을 더 선호하는 편입니다. 학교 시정표에 상관없이 매일 정해진 시간에 퇴근길에 아이를 데려가면 되기 때문입니다.

방과후 학교와 학원의 차이점

첫 번째는 장소와 시간 변경입니다. 방과후 수업은 학교 안에서 이루어지기 때문에 따로 학원차를 타거나 걸어서 멀리 이동할 필요가 없습니다. 그리고 수업 시간을 사정에 맞게 조정할 수 있는지도 다릅니다.

학원의 경우 예를 들면 3시 수업에 못 가면 4시 수업에 가면 동일한 수업을 받을 수 있는 경우가 많습니다. 학원은 시간을 사정에 맞게 조절이

가능합니다. 그런데 학교 방과후 수업은 보통 한 시간에 하나의 반만 운영이 되므로 시간을 조절하기 어려운 경우가 많습니다.

둘째, 강습비입니다. 학원과 비교해보면 보통 비슷하거나 약간 더 저렴합니다. 예를 들면 방과후 컴퓨터 반과 학교 밖 코딩학원이 있습니다. 방과후 컴퓨터 반을 등록했다고 하면 한 학기에 4만 원이고 일주일에 2번씩 수업합니다. 코딩학원은 수업료가 한 달에 12번가고 12만 원입니다. 1회에 얼마인지 계산을 해봐도 방과후 수업이 더 싸다고 할 수 있겠죠?

1학년 부모님들의 경우 학기 초에는 아이들 등하교 신경 쓰느라 또 학원 알아보느라 많이 바쁘실 겁니다. 가정의 상황에 맞게 아이들에게 적합한 프로그램을 잘 선택하셔서 아이들이 즐겁게 하루하루 생활할 수 있었으면 좋겠습니다.

※ 사.자.교육(사람다움 자녀교육) 핵심 노트

방과후 학교는 학교 안에서 이루어지는 사교육 활동입니다. 학교마다 프로그램이 천차만별이며 학원과는 비용 등 차이가 있어요. 돌봄 교실은 주로 저학년에서 이루어지며 수업을 마친 오후부터 퇴근까지 아이들을 교실에서 돌보아주는 제도입니다.

Q15.

부모 말을 무시하는 아이, 친구처럼 지내는 것이 문제가 된다면?

인류가 남겨놓은 각종 철학책이나 고전 문학, 예술 등에서 공통적으로 말하는 것이 인간은 선함과 악함을 동시에 지녔다는 것입니다. 어린아이도 인간입니다. 어린아이도 어른들처럼 똑같이 어두운 면을 가지고 있습니다. 아이들은 커가면서 나쁜 생각을 본능적으로 의식하게 됩니다. 몸이 커지는 만큼 양심도 함께 자라기 때문입니다. 아이들에게 어두운 마음을 잘 다루어야 한다는 것을 알려주어야 하는 이유입니다.

저학년 교실에 가보면 아이들은 친구와 어른의 관심을 간절히 바라는 경우가 많습니다. 아이들은 친구와 어른들의 관심을 통해 자신이 중요한 존재라는 믿음을 가집니다. 아이를 사랑할 땐 그 누구보다 친근하게 대해야 하는 이유입니다. 그런데 자녀와 친구처럼 지낸다는 이유로 아이가 기죽을까 봐 잘못된 행동을 할 때도 바르게 훈육하지 않는 부모들이 많습니다. 적절한 시기에 바른 훈육을 하지 않는다면 아이는 때와 장소에 맞게 바르게 행동하는 것을 배우지 못하게 됩니다.

아이에게 규칙과 절제, 옳고 그름을 알려주어야 합니다

부모가 훈육할 기회를 놓쳤을 때 가장 큰 피해를 보는 것은 누굴까요? 바로 아이입니다. 올바른 훈육을 하려면 큰 노력이 필요합니다. 부모가 악역을 기꺼이 맡아야 합니다. 아이와 친구처럼 지내려는 부모들도 있으실 겁니다. 아이가 다 크면 친구처럼 지내주세요. 아이가 어릴 때일수록 친구 같은 부모는 훈육하기 어렵습니다. 아이들에게 친구는 어린이집에 가도 있고 유치원에 가도 많고 초등학교에도 많습니다. 그런데 부모는 평생 엄마, 아빠 둘뿐입니다. 그래서 부모는 친구를 넘어선 존재입니다. 부모는 권위가 있어야 합니다.

부모의 권위를 세우는 방법

일관성을 지켜주세요. 아이들이 부모 말을 안 듣거나 점점 무시하게 될 때가 있습니다. 바로 부모의 말과 행동이 다를 때입니다. 부모가 아이들에게 "평일에는 TV 보면 안 돼!" 하면서 자기는 TV를 보고 있다거나, 아이들에게 "책 읽어!" 해놓고 부모는 스마트폰만 하고 누워 있으면 아이들이 부모님을 어떻게 생각할까요? 아이들과 상담을 통해 알게 된 사실이 있습니다. 가정에서 부모님과 관계가 좋지 않은 아이들은 "엄마랑 싸웠어요." 하는 표현을 자주 합니다. 이 아이들이 가진 불만은 엄마 또는 아빠가 이랬다가 저랬다가 일관성 없이 행동하거나 자기 기분대로 말하고 행동하는 경향이 컸습니다. 아이를 훈육하고 말에 힘을 실으려면 부모가 먼저 말과 행동을 일치해서 보여주어야 합니다.

둘째, 확고한 규칙을 세우고 단호하게 약속 지키기입니다. 예를 들어 평일에 TV를 보지 않기로 아이와 약속했으면 부모도 똑같이 TV를 보지 않아야 하고, 아이에게 책 읽기 시간을 준다면 부모도 똑같이 책을 보아야 합니다. 밥 먹을 때 돌아다니지 말라는 확고한 규칙을 세웠으면 초지일관 지켜주세요. 상황이나 부모님 기분 따라서 언제는 손님 왔으니 되고 언제는 부모님 기분이 좋으니까 허용해주고 이러면 아이들은 부모님의 행동에 실망하게 됩니다. 아이와의 약속은 반드시 지켜주세요.

또한 아이가 울고 떼를 쓴다고 해서 규칙에 예외를 두면 안 됩니다. 장난감 안 사기로 해놓고 사준다거나, 평일에는 아이스크림이나 젤리를 안 먹기로 했는데 아이가 떼쓰는 것을 견디기 어려워 말을 바꾸게 되면 '우리 엄마는 울고 떼쓰면 다 들어주는구나.', '우리 아빠는 내가 이렇게 조르면 들어주는구나.' 하고 아이가 규칙을 지키는 것에 대해 대수롭지 않게 생각하기 시작할 것입니다. 나중에 사춘기가 되면 문제 상황에서 부모님과 갈등이 더 깊어지게 될 가능성이 큽니다.

반면 규칙을 세우고 엄격하게 지키는 모습을 보여주면 아이들은 규칙을 따르는 것을 몸으로 체득하게 됩니다. 부모의 변덕스러운 기분이나 잔소리와 싸우는 것이 아니라 스스로 규칙을 지킬 때와 안 지킬 때의 장단점을 경험할 것입니다. 규칙을 지키면 스스로 당당해지고 반대로 규칙을 지키지 않으면 자유롭지 못하게 되거나 불편해진다는 것을 어릴 때부터 잘 교육해야 합니다.

이렇게 권위 있는 부모가 되어 자녀를 훈육하려면 반드시 대면해야 할 것이 있습니다. 바로 분노한 아이의 모습입니다. 아이들은 아직 성장하는 단계이기 때문에 질책이나 잘못을 지적 받으면 즉각적으로 분노하는 경향이 있습니다. 이때 물러서지 않고 잘못된 행동을 교정해주어야 합니다. 아이들은 세 살만 되어도 분노를 표출하느라 발로 차기도 하고 깨물기도 합니다. 여러 육아 전문가들의 견해에 따르면 아이들이 분노를 다양한 방법으로 표출하는 이유가 자신에게 허용되는 행동의 한계, 즉 넘지 않아야 할 선을 알아내려는 것이라고 말합니다. 그래서 잘못된 행동을 지속적으로 훈육해주면 아이들은 허용되는 공격성의 한계를 알게 될 것입니다.

미국의 유명한 심리학자 프레드릭 스키너는 적절한 보상을 통해 비둘기가 탁구를 칠 수 있게 훈련을 했습니다. 사람들은 여기까지만 들으면 우와! 하고 감탄을 합니다. 하지만 내막을 더 들여다보면 비둘기에게 먹이로 보상해주는 것에 집착하게 하려고 비둘기를 죽기 직전까지 굶겼고 비둘기를 거의 24시간 내내 지켜보았다는 사실을 알게 됩니다. 아이들도 비둘기처럼 보상으로 길들이는 것이 옳을까요? 보상을 통한 교육은 바람직한 행동을 하게 하는 방법이 될 수 있지만 한계가 있음을 알 수 있습니다.

보상의 한계를 극복하고 아이를 올바르게 가르치려면 불쾌한 감정이나 불편해지는 부정적인 감정도 사용해야 합니다. 아이들은 가장 기본적인 걸음마를 배우는 데도 무수한 시련과 불편함을 겪습니다. 또한 성장하면서 무수히 많은 두려움과 고통도 느낍니다. 그런데 부모의 지나친 보호로 적절한 때에 실패나 실망, 부정적인 감정을 경험하지 못한 아이들은 뒤늦게 이러한 감정을 경험했을 때 심리적으로 큰 타격을 입을 가능성이 커집니다. 부정적인 감정들에 대해 대처하는 법을 못 배웠기 때문입니다.

5살짜리 한 아이가 있다고 가정해보겠습니다. 이기적으로 행동해도 부모가 나무라지 않으며, 친구나 형제랑 싸워도 부모는 괜찮은 척하고 넘어간다고 가정해보겠습니다. 그런데 실제로도 부모의 마음이 편할까요? 쌓였던 감정들이 나중에 다른 일로 폭발해서 아이를 혼내며 불만을 터뜨릴 것입니다. 그런데 집에서만 이러면 그나마 수습이 가능합니다. 문제는 밖에 나가서입니다.

집에서 이기심을 통제하는 법을 배우지 못한 아이는 친구를 사귈 때도 어려움이 생깁니다. 협동심이나 배려심이 없어서 따돌림을 당할 수도 있어요. 이렇게 되면 불안, 우울, 원망이 쌓이게 되고 바람직한 인격 형성에 악영향을 끼치게 됩니다. 이처럼 부모가 잠깐의 악당이 되기 싫어서 부정적인 감정을 동반하는 훈육을 하지 않는다면 자녀를 영원한 고통의 구덩이로 밀어 넣게 될 것입니다.

※ 사.자.교육(사람다움 자녀교육) 핵심 노트

아이를 사랑할 때는 그 누구보다 친근하게 대해야 합니다. 하지만 아이가 어리면 어릴수록 친구 같은 부모는 훈육하기 어렵습니다. 권위를 세우기 위해 일관성 있는 말과 행동을 보여주시고 아이에게 미움을 받더라도 확고한 태도로 아이와의 약속을 반드시 지켜주세요.

따박따박 말대꾸하는 아이, 감정적으로 부딪히지 않고 훈육하려면?

아이와 감정적으로 부딪히는 것이 싫어서, 아이가 따박따박 말대꾸를 할 때 그냥 물러서거나 말문이 막혀 내버려 두는 경우가 생길 수 있습니다. 하지만 이런 경험이 쌓이게 되면 나중에는 어떤 말로도 아이의 잘못된 버릇이나 행동을 수정하기 어려워질 것입니다. 아이에게 감정적으로 맞대응하거나 말싸움을 하지 않고 효과적으로 훈육할 방법은 없을까요?

첫째, 타임아웃입니다. 타임아웃은 잠시 화가 진정될 때까지 사회적으로 거리를 두게 하는 방법입니다. '네가 올바르게 행동할 수 있으면 곧바로 다시 함께 어울릴 수 있다'는 것입니다. 이 방법에는 생각하는 의자를 활용하는 방법과 생각의 방을 활용하는 방법이 있습니다.

생각하는 의자를 거실의 한쪽에 두었다고 가정해보겠습니다. 아이가 잘못을 했을 때 즉시 "잠깐!" 하고 생각하는 의자에 가서 앉도록 안내합니다. 여기서 생각하는 의자에 앉도록 하는 방법에는 단호한 태도와 무엇을 잘못했는지, 왜 의자에 앉아야 하는지에 대한 설명이 필요합니다. 부모님도 잠시 숨을 고르실 시간이 있으실 것입니다. 아이의 행동에 화가 머리끝까지 나셨더라도 잠시 시간을 갖고 심호흡을 해보세요. 모든 방법을 활용해서 아이가 생각하는 의자에 앉았다면 방금 그 행동 때문에 앞으로의 친구 관계에 문제가 생길 수도 있고 아이의 안전에 문제가 생길 수 있다는 사실을 인내심을 갖고 설명해주어야 합니다.

또 다른 타임아웃에는 생각의 방이 있습니다. 생각의 방과 생각하는 의자의 차이점은 아이의 자존심을 지켜주어야 할 때 생각의 방을 활용한다는 것입니다. 예를 들면 형제들끼리 싸웠을 때 동생 앞에서 형을 나무라면 자존심 때문에 잘못을 더더욱 인정하지 않는 경우가 있어요. 이럴 때 생각의 방을 활용해보세요. 거창한 것이 아닙니다. 둘이서만 대화할 수 있는 어느 정도 폐쇄된 공간이면 됩니다. 한 사람씩 생각하는 방으로 따로따로 불러 각자 자초지종을 인내심을 가지고 충분히 들어주세요. 아이 말에 먼저 경청하고 공감을 해주세요. 그 다음 각자의 잘못을 조목조목 알려주고 잘못된 이유와 어떤 행동이 더 나을지 말해주어야 합니다.

형제자매끼리 다툼이 있었거나 아이를 충분한 시간을 가지고 훈육해야 할 때는 생각 의자보다는 생각하는 방이 더 효과적입니다.

첫 번째 방법이 시간을 가지고 아이의 불편한 감정이나 화를 누그러뜨리면서 사회적으로 거리를 두게 하는 방법이었다면 두 번째 방법은 즉각적인 조치가 필요할 때의 방법입니다. 아이가 장난이 지나쳐 찻길에 뛰어들거나 다른 누군가에게 치명적일 수 있는 해를 가할 때를 예로 들어보겠습니다. 찻길에 뛰어드는 아이에게는 호통을 칠 수 있습니다. 또 화가 난다고 돌을 집어 든 아이는 완력으로 끌어안아야 합니다. 즉각적이고 물리적인 제지가 필요할 때도 있습니다. 아이가 진정이 되면 다시 원래 위치로 가서 찻길에서는 조심조심 이동하는 것을 직접 해보도록 합니다. 다른 사람에게 신체적이거나 정신적인 해를 끼친 경우도 마찬가지입니다.

욕을 했다면 다시 좋은 말로 바꾸어 말하게 하고 폭력을 사용했다면 다시 같은 상황에서 더 나은 행동이 있었는지 생각해본 후 직접 행동해보도록 해보세요. 동생에게 욕을 했으면 진심어린 사과를 하고 욕을 하는 대신 다른 언어와 방법으로 감정을 표현하고 소통하도록 다시 해보게 하는 것입니다. 핵심은 반성만 하고 넘어가는 것이 아니라 다시 올바르게 행동하기입니다.

주의할 점은 모든 훈육은 용서와 공정함을 기본으로 해야 한다는 점입니다. 훈육의 이유도 아이를 사랑하기 때문입니다. 깐깐한 규칙보다는 간단한 규칙, 최소한의 간섭과 처벌로 훈육하시고 훈육 방법으로는 생각의자, 생각의 방 등 시공간적 거리를 활용한 훈육, 또는 긴급할 경우 즉각적 규칙에 따른 제지 등이 있습니다. 부모님이 자녀에게 줄 수 있는 가장 큰 선물은 올바른 훈육입니다.

※ 사.자.교육(사람다움 자녀교육) 핵심 노트

아이에게 악역이 되는 것을 망설이지 마세요. 감정을 아끼는 효과적인 훈육 방법으로는 타임아웃(잠시 시간 갖기)과 리플레이(다시 해보기) 등이 있습니다. 주의할 점은 모든 훈육은 용서와 공정함을 기본으로 해야 한다는 점입니다. 훈육의 이유도 아이를 사랑하기 때문입니다.

Q17.

엄마는 잔소리꾼이라는 아이, 잔소리가 통하려면?

아이가 부모를 잔소리꾼으로 여기는 것이 싫거나 아이를 혼내면 마음이 아파서 훈육을 포기하거나 잘못을 내버려 두는 부모도 있습니다. 설령 아이에게 잔소리꾼이라는 소리를 들을지라도 반드시 잘못은 그때마다 단호하게 알려주어야 합니다. 잔소리가 통하기 위한 몇가지 방법을 안내해 드립니다.

자세하게 설명해주세요 몰라서 잘못하는 경우가 의외로 많아요

실제로 교실에서 아이들과 지내보면 '당연히 알겠지?' 하는 부분도 아이들은 느낌만 있을 뿐 잘 모르는 경우가 많았습니다. 뭔가 이상한 거 같으면서도 정확히 어떤 것이 잘못인지 모르는 것입니다. 어른들은 오랜 시간에 걸쳐 많은 실수와 후회를 통해 체득한 것들이 많습니다. 아이들도 그런 과정을 겪어야 체득이 되는데 몰라서, 혹은 경험이 부족해서 실수하는 것을 다짜고짜 어른의 완벽한 기준에 맞추게 하려다 보니 속도 터지고 화도 날 수 있을 것입니다.

밖에서 하루 종일 일하고 들어와서 힘든데 아이가 잘못된 행동을 하면 순간 화가 나거나 짜증이 날 수도 있습니다. 하지만 진정으로 아이의 변화를 원한다면 인내심을 가져주세요. 한 번 심호흡하고 아이들에게 잘 설명해주는 과정이 필요합니다.

"이거는 잘한 거고 저거는 잘못한 거다."

"이런 행동을 하면 너 자신에게 피해나 상처가 될 수 있고 우리 가족이나 사회에도 안 좋은 영향을 줄 수 있단다."

저희 집 아이들은 활동적이고 에너지가 넘치는 편입니다. 과자를 간식으로 주면 처음에는 식탁에서 앉아서 먹다가 손에 쥐고 거실 여기저기 돌아다니면서 먹기도 합니다. 잠깐 한눈판 사이에 바닥에 아몬드가 널브러져 있고 또 밟아서 으깨진 걸 보면 순간 화가 날 때가 많았습니다. 아이들에게 화를 낸 적도 있어요. 그런데 반성도 그때뿐 변화가 없었습니다. 그래서 방법을 연구하고 바꿨더니 변화가 서서히 일어나더라구요. 심호흡 한 번 하고 설명하는 습관이 들기까지 정말 오랜 수련이 필요했습니다.

"간식을 먹을 때도 한곳에서 앉아서 흘리지 않고 먹는 거야. 그리고 흘렸으면 자기가 책임지고 치워야 해." 그런데 여기서 멈추면 다음에 또 그러는 경우가 많았습니다. 그래서 덧붙인 것이 왜 그래야 하는지 나름대로 차근차근 논리적으로 자세하게 설명해주는 것이었습니다.

"바닥에 과자부스러기나 음식물이 남아 있으면 눈에 보이지 않는 작은 세균이나 곰팡이가 모여들어서 그걸 먹을 거야. 이 곰팡이나 세균은 공기 중에 날려서 우리 몸에 들어가기도 해. 그래서 감기나 배탈을 일으키지. 우리 몸을 아프게 할 수도 있어. 아파서 병원에 가면 왕주사를 맞을 수도 있고. 바닥에 흘린 과자 부스러기 때문에 동생이나 누나, 엄마나 아빠가 세균의 공격을 받을 수도 있단다."

"학교에서는 너가 흘린 과자 부스러기를 먹고 힘이 세진 병균한테 친구들이 공격을 당해서 아프게 될 거야. 그래서 꼭 음식물은 한곳에서 먹어야 하는 거고 만약 흘렸으면 책임지고 잘 청소해야 돼."

번거롭더라도 아이와 눈을 마주치고 차근차근 이야기해주세요. 아이가 와닿을수 있게 스토리텔링을 하면 아이도 공감을 해서 잘 받아들이는 경우가 많습니다. 혼자 하기 버거운 경우 아이들이 좋아하는 동화 이야기나 교육용 유튜브 채널을 참고하는 것도 큰 도움이 될 것입니다. 저의 아이들은 호기심 딱지라는 채널을 자주 보는데요. 이 채널에는 이빨을 닦지 않았을 때, 세균이 몸에 들어왔을 때, 적혈구의 하는 일 등 아이들을 훈육할 때 쓸 만한 내용들을 재미있게 설명해주는 영상들도 있으니 아이 연령에 맞춰 적절하게 참고하면 도움이 될 것입니다.

완벽하지 않더라도 스스로 해보고 책임지는 경험을 주세요

자녀교육의 최종 목표는 아이들의 자립입니다. 한 인간으로 스스로 잘 살아갈 수 있는 사람이 되도록 돕는 것입니다. 스스로 잘 살아가는 사람이 되려면 자기 행동에 책임을 지도록 어릴 때부터 연습해야 합니다. 책임감은 어느 한순간 나이가 든다고 길러지는 것이 아닙니다. 어릴 때부터 반복과 경험을 통해 길러집니다.

1~2학년 때는 아이가 학교에 적응할 때까지 부모님이 가방과 준비물 챙기는 것을 도와주기도 합니다. 저학년 때는 어쩔 수 없지만 5~6학년이 되어서도 준비물을 놓고 오면 집에 전화해서 부랴부랴 부모가 대신 학교까지 준비물을 챙겨다 주는 경우가 있습니다. 이런 습관이 든 아이들은 인간관계나 사회성 등 다른 부분에서 문제가 생기는 경우도 많이 보았습니다. 준비물을 깜빡하고 놓고 왔다면 불편함도 한 번쯤은 직면해

봐야 합니다. 그래서 스스로 행동에 책임지는 경험을 느끼게 해주세요.

'아, 미리 챙기지 않으면 이런 불편함이 생기는구나! 다음부터는 잘 준비해야겠다.'

그런데 간혹 부모들이 아이가 혼날까 봐, 수업 시간에 위축될까 봐 문제와 아이 사이에 끼어들어서 대신 해결해주려는 경우가 있습니다. 아이가 스스로 문제를 직면하고 해결하려는 태도와 의지, 능력을 기르게 해야 합니다. 살다 보면 스스로 부딪혀야 될 문제들이 얼마나 많은데 아이가 성인이 될 때까지 부모님 도움 없이 아무것도 못하는 아이로 자란다면 결국 정신적으로 문제가 생길 수밖에 없습니다.

아이가 과자 부스러기를 바닥에 흘렸으면 부모님이 대신 치워주지 마시고 아이가 스스로 부스러기를 치울 수 있도록 해주세요. 물론 아이가 어릴수록 깔끔하게 청소가 안 될 것입니다. 그렇다고 해도 어떻게 하면 깔끔하게 닦을 수 있는지 먼저 보여주시고 아이 스스로 해볼 수 있는 기회를 주세요. 물티슈로 닦는 것도 보여주시고 과자 가루를 모으는 것도 먼저 보여주면서 아이가 서툴더라도 옆에서 기회를 주고 격려해보세요. 그런데 "네가 치우니까 여기 그대로 남았잖아! 이리 줘!" 하고 부모가 대신 해주면 청소는 빨리 깔끔하게 되겠지만 아이는 청소하는 법도 못 배우고 자존감도 떨어지고, 책임지는 법도 못 배우고 결국 남는 건 아이 마음속 상처와 부모님의 화밖에 없습니다. 부모님은 아이의 든든한 조언자이자 협력자이지 대신 해결해주는 해결사, 아이의 팔다리가 아닙니다.

백문이 불여일견, 구체적인 행동을 직접 보여주세요

말로만 하지 않고 부모가 먼저 구체적인 방법을 보여주거나 알려주어야 합니다. 손 씻기를 예로 들어 보겠습니다. 처음에는 아이와 함께 화장실로 갑니다. 다음 단계는 화장실 불 켜는 방법, 물 온도를 조절하는 방법, 비누칠하기, 손 여기저기 문지르기, 물로 헹구기, 뒷정리 등 아이 손을 잡고 차근차근 도와주어도 좋고 아니면 부모님이 먼저 손 씻는 과정을 보여주세요. 몇 번 경험한 아이는 완벽하지 않더라도 스스로 직접 손을 씻게 될 것입니다.

형제끼리 또는 남매끼리 다투는 것은 일상다반사일 것입니다. 아이들끼리 문제가 생겼을 때 대부분 좋은 말투로 바꿔보면 해결되는 경우가 많습니다.

"내꺼 내놔!" 이렇게 말하기보다는 "누나 물건 허락 없이 만지면 속상해. 놀고 싶으면 빌려달라고 해줘."

이런 식으로 다툴 때 사용했던 말이나 행동을 좋은 행동, 좋은 말로 바꿔서 아이가 직접 해보게 하면 효과가 있습니다. 사실 아이들의 말투는 부모의 말투나 언어에서 비롯되는 경우가 많습니다. 거실에서 놀고 있는 아이가 공부할 시간이 되면 "빨리 공부해! 문제집 몇 쪽까지 풀어!" 하기보다는 아이와 함께 방으로 가서 옆에 앉아보세요.

"오늘 학교에서 뭐 배웠어?", "숙제 있어? 같이 할래?"

처음에는 해오던 말투를 바꾸기가 쉽지 않을 것입니다. 그런데 말투만 바꿔도 아이들은 정말 많이 변하게 되더라구요. 아이와의 관계뿐만 아니라 부부 관계도 훨씬 좋아지게 될 것입니다.

※ 사.자.교육(사람다움 자녀교육) 핵심 노트

아무리 잔소리를 해도 아이의 행동이 변하지 않는 이유는 잘 몰라서입니다. 자세히 설명해주세요. 아이들은 완벽하지 않아요. 스스로 해보고 책임지게 해주세요. 부모님께서 구체적인 행동으로 직접 보여준다면 아이들은 변할 것입니다.

입학을 앞둔 아이, 특별하게 준비해야 할 것들이 있나요?

크게 두 가지 부분으로 말씀드리겠습니다. 첫 번째는 학교생활에 대한 준비, 두 번째는 학교 공부에 대한 준비입니다.

먼저 학교생활입니다.

첫째, 화장실 혼자 가는 연습을 해주세요.

인간의 욕구 중에 생리 현상에 관한 욕구, 정말 중요합니다. 아이들이 학교에 오면 유치원과는 달리 수업 시간과 쉬는 시간이 나누어져 있습니다. 유치원 때는 쉬가 마려우면 보통 별 제약 없이 화장실에 가서 볼일을 보면 되었죠. 그런데 초등학교에 오면 수업 중간에 쉬가 마려우면 갑자기 나가기가 어렵습니다. 그래서 가장 좋은 것은 가정에서 소변이나 대변을 보고 싶을 때 미리미리 참지 않고 의사 표현을 하고 화장실에 다녀오는 연습을 하는 것이 좋습니다.

가정에서도 40분 공부하거나 놀기, 10분 쉬는 시간에 대소변 보기 등 억지로 참지 않는 선에서 연습하면 좋습니다. 저학년 교실에서는 아이들이 가끔 대소변 실례를 하기도 합니다. 아무래도 저학년 특성상 친구들이 웃고 놀리는 것 때문에 2차, 3차 트라우마가 생기는 경우가 있습니다. 그래서 혹시 실례를 하게 되더라도 손을 들고 교사에게 귓속말로 알리게 하거나 가정에서 "괜찮아. 그럴 수 있어~" 하고 감싸주시는 것도 중요합니다.

두 번째, 젓가락 사용 연습입니다.

아이들은 유치원과 달리 학교 급식실에 비치된 성인용 숟가락과 젓가락을 사용합니다. 그래서 가정에서 미리 성인용 숟가락과 젓가락으로 식사를 하는 습관을 들이는 것이 좋습니다. 그리고 요새는 식판 검사를 하지 않는 경우도 많지만 아이들의 영양과 보건적인 측면에서 편식을 하지 않도록 식판 검사를 하는 경우도 있습니다.

가정에서부터 어린이용 식판에 주어지는 반찬이나 밥은 되도록 남기지 않고 다 먹을 수 있도록 연습하고 또 부득이하게 알레르기가 있거나 먹지 못하는 음식의 경우 선생님이나 배식해주시는 분들께 표현하는 연습을 하면 좋습니다.

입학 이후 학교에서 알레르기 여부 조사를 합니다. 급식실에서도 이를 파악하고 알레르기가 있는 반찬은 되도록 조리하지 않습니다. 그래도 아이가 스스로 배식받을 때 "조금만 주세요." 혹은 "저 알레르기 있어서 못 먹어요." 정도의 표현은 할 수 있도록 미리 연습한다면 안전한 학교생활에 큰 도움이 될 것입니다.

세 번째, 자기 물건 잘 챙기는 연습을 해야 합니다.

1학년 아이들의 경우 소지품을 잘 잃어버려요. 이를 잘 대처하기 위해 자기 소지품에 이름을 쓰게 해주세요. 교실에서의 원칙은 물건을 분실했을 경우 1차적인 책임은 잃어버린 본인에게 있습니다.

예전에는 아이들이 자기 물건 잃어버리면 울고불고했습니다. 그런데 최근에는 물건을 잃어버려도 대수롭지 않게 집에 가서 또 사서 가져오는 경우가 많아졌어요.

물론 전에 비해 부모님들께서 경제적으로 여유가 많이 생긴 것도 있고 학교에서도 많이 지원해주는 이유도 있습니다. 하지만 "세 살 버릇 여든 간다."라는 속담이 있죠? 1학년부터 자기 물건을 스스로 아끼고 잘 챙기는 습관이 들지 않으면 고학년, 나아가서는 성인이 되어서도 고치기 어려워집니다. 꼭 자기 물건 이름을 쓰게 해주세요. 그리고 물건을 잃어버리거나 고장이 나면 불편해지더라도 일정 기간은 사주지 않는 것이 좋습니다. 아이들이 자기 물건을 소중히 여기는 습관을 들여주세요. 이외에도 선생님께 존댓말 쓰기, 누가 괴롭히거나 다퉜을 때 사실대로 또박또박 천천히 설명하는 연습, 순서대로 참고 기다리는 연습 등이 있겠습니다.

학교 공부, 불안해 마세요

유치원 때는 교과서도 없었고 공부하는 시간도 없거나 많지 않았는데 아이가 덜컥 교과서를 받아오니 불안하신가요? 그렇다고 너무 걱정할 필요 없습니다. 그럼에도 마음이 놓이지 않는다는 분들을 위해 몇 가지 도움이 될 조언을 드리고자 합니다.

첫째, 40분 동안 무언가를 하면서 앉아 있는 연습하기입니다.

많은 저학년 부모들이 오해하는 것이 수업 시간 40분에 대한 것입니다. 수업 시간이 40분이라고 해서 40분 동안 절대 움직이거나 딴짓하지 않고 가만히 앉아서 공부만 해야 하는 것이 아닙니다. 초등학교 6학년도 40분 내내 숨소리만 내면서 집중하는 학생 아무도 없습니다. 대신 40분 동안 여기 저기 돌아다니지 않고 자리에 앉아서 무언가를 하는 것은 중요합니다.

수업 시간 40분은 보통 선생님 설명 5~10분, 나머지 30분 정도는 학생들이 친구들과 협력하여 어떤 작품을 만들거나, 혹은 개인적으로 그림을 그리고 글씨를 쓰고 하는 활동으로 구성됩니다. 따라서 중간 중간 힘들면 멍하게 앉아 있을 수도 있고 모둠활동의 경우 친구와 대화를 나누면서 문제를 해결할 수도 있습니다. 주어진 과제를 빨리 끝내면 가벼운 마음으로 책을 보면서 쉴 수도 있습니다.

대신 수업 시간에 돌아다니면서 떠들거나 다른 사람을 방해하는 등 피해주는 행동을 하면 제지를 받게 됩니다. "자리에 앉아요!", "떠들지 않아요!" 하고 싫은 소리를 듣게 될 수도 있습니다. 따라서 40분이 어렵다면 20분 만이라도 자리에 앉아서 무엇을 할 수 있는 연습을 하고 오면 좋겠습니다.

둘째, 한글이나 숫자는 정확하지 않더라도 어느 정도 읽을 수 있도록 준비하면 큰 도움이 됩니다.

물론 한글과 숫자 공부는 학교 입학 이후 초등학교에서 책임을 집니다. 1학년 때는 국어와 수학 수업 시간 대부분을 한글과 숫자를 익히는 것에 초점을 둡니다. 그런데 아이가 화장실은 잘 다녀오는지, 교실을 잘 찾을 수 있을지 걱정이 된다면 혹시 모를 일에 대한 예방과 안심의 차원에서 어느 정도 미리 익히면 도움이 될 것입니다.

그리고 1학년 입학 초기에는 수업 시간 교과서를 꺼낼 때 아이들이 헷갈리는 경우가 있습니다. 표지의 그림을 보고 찾을 수도 있겠지만 수학책과 수학 익힘책, 국어책과 국어 활동 책은 교과서 표지가 은근히 비슷하기 때문입니다.

특히 1학년 아이들은 몇 쪽인지 찾는 것을 가장 어려워합니다. 그런데 책을 펴놓고 한참 찾고 나서 보니 다른 책이었다면 얼마나 힘이 빠질까요? 물론 1학년 담임 선생님이 하나하나 챙겨주고 도와주겠지만 아이가 미리 좌절감이나 어려움을 겪지 않도록 도와주고자 한다면 어느 정도는 구분할 수 있도록 준비하는 것은 나쁘지 않습니다.

※ 사.자.교육(사람다움 자녀교육) 핵심 노트

아이 입학 전 많이 불안하시죠? 걱정하지 마세요. 평소에 가정에서 잘하던 아이라면 학교에서도 잘 적응할 것입니다. 그래도 불안하다면 학교생활 관련해서 젓가락 연습, 식습관 교육, 물건 잘 챙기기 정도만 신경 써주세요. 자리에 앉아 만들기나 색칠 공부 정도만 해봐도 됩니다.

2장

기초를
다지는
초등 저학년
시기

책 읽기 싫다는 아이, 독서 꼭 시켜야 하나요?

"읽기는 언어를 배우는 최상의 방법이 아니다. 그것은 유일한 방법이다."

– 크라센

초등학교 저학년 때는 딱 2가지만 제대로 하면 됩니다. 바로 읽기와 쓰기죠. 그런데 독서를 너무 싫어하는 아이는 어떻게 할까요? 좋아하게 만들어야 합니다. 영어든 한글이든 빨리 잘하게 되는 지름길을 알려드리겠습니다. 단순합니다. 딱 하나예요. 아이들이 즐겁게 책을 읽도록 하면 됩니다. 영어책을 즐겁게 읽으면 영어 실력이 늘게 되고 한글책을 즐겁게 읽으면 한글 실력이 늘어납니다. 문제집으로 공부할 때보다 책 읽기로 얻는 것이 더 많습니다. 독해력, 어휘력, 문법 등 읽고 쓰는 능력은 즐거울 때 가장 효과적으로 발달합니다. 그렇다면 어떻게 하면 책을 읽기 싫어한다는 아이들을 자발적으로 즐겁게 책을 읽게 할 수 있을까요?

책이 풍부한 환경을 만들어주세요

말을 물가로 끌고 갈 수는 있지만 물을 먹일 수는 없다는 속담이 있죠? 하지만 말 주변에 물이 있어야 말이 스스로 물도 먹을 수 있는 겁니다.

1) 집

제가 맡았던 아이들을 대상으로 한 설문조사 및 미국 초등학생들의 통계자료에 따르면 책을 더 많이 읽는 아이들은 집에 책이 더 많았습니다.

2) 학교

아이들이 주로 생활하는 학교 환경도 중요합니다. 교실에 읽을거리가 풍부하면 아이들이 쉬는 시간이나 자유 놀이시간에도 책을 읽는 경우가 많았습니다. 그리고 교실에 있는 책을 집에 가져가서 읽어도 된다고 했을 때 더 많은 아이들이 책을 즐겨 읽었습니다. 대부분의 교실에는 아이들이 즐겨 읽는 책을 비치하여 둡니다. 그런데 교실에 학급문고가 없을 때도 있습니다. 담임 선생님께 연락해서 집에 보지 않는 책이나 아이가 좋아할 만한 책들을 교실에 두고 읽어도 되는지 물어보세요. 학교에 문의하면 도서관에서 일괄로 학급문고를 신청해주기도 하니 학교 측에 잘 알아보면 되겠습니다. 또한 학교 도서관 시설이 좋고 다양한 책이 많이 있을 때 아이들이 책을 더 많이 읽습니다. 아이들에게 학교 도서관에서 책을 자주 빌려오도록 해보거나 "학교 도서관에 어떤 책이 있는지 엄마한테 알려줄래?" 하고 부탁해보세요.

3) 지역 도서관과 서점

미국의 한 초등학교 이야기입니다. 담임 교사가 집에 책이 거의 없고 도서관이 열악한 학교에 다니고 있는 2~3학년 학생들을 한 달에 한 번 학교 일과 중에 지역에 있는 공공 도서관으로 데려가서 한 아이마다 책을 10권씩 대출해주었다고 합니다. 3주 후에 학부모 대상으로 설문조사를 한 결과 이후에도 아이들은 부모님과 함께 도서관 방문을 즐긴 것으로 나타났고 아이들은 대부분 책을 더 많이 읽는다고 응답했으며 "책 읽기가 쉬워졌다.", "다시 도서관에 가고 싶다." 등의 반응도 보였습니다. 하지만 주의할 점도 있습니다. 책이 많다고 모든 것이 해결되는 것은 아닙니다. 또 다른 연구 결과가 있는데요. 아이들을 방과 후 6시까지 도서관에 있도록 했을 때 아이들은 도서관에서 컴퓨터 게임을 하거나 놀기만

하는 등 시간을 의미 없이 보냈다고 합니다. 따라서 자발적으로 즐겁게 책을 읽게 하려면 환경을 조성해주는 것만으로는 부족합니다.

책을 직접 읽어주세요

뉴먼이라는 학자의 연구에 따르면 책을 많이 읽는 성인들을 조사한 결과 어릴 때부터 부모님이 책을 자주 읽어주었다는 통계가 있습니다. 또한 언어학 교수인 덴턴과 웨스트의 연구에 의하면 2만 명 이상의 학생들을 대상으로 읽기 유창성 및 어휘력과 독해력 등을 조사한 결과 일주일에 3회 이상 부모가 책을 읽어준 아이들이 그렇지 않은 아이들보다 성적이 월등히 좋았다고 합니다. 성적뿐만 아니라 책 읽어주기를 경험한 아이들은 모두 독서가 재미있다고 대답했습니다. 이처럼 책을 읽어주는 것만으로도 아이들에게는 독서 욕구가 생기고 큰 도움이 됩니다.

책 읽는 모습을 보여주세요

언어학자 모로우와 뉴먼의 연구에 따르면 부모님이 여가 시간에 책을 읽으면 아이들도 독서를 많이 한다고 합니다. 교육학 이론 중 모델링 이론이라고 있습니다. 아이들은 선망의 대상을 모방하면서 더 많은 것을 습득하고 몸으로 익힙니다. 백문이 불여일견이라는 말이 있죠? 부모님들께서 즐겁게 책 읽는 모습을 보여주시면 아이들은 자연히 따라하게 됩니다.

책 읽을 시간을 주세요

아이들에게 여러 종류의 문제집을 풀게 하는 것보다 책 읽을 시간을 충분히 주는 것이 훨씬 좋습니다. 아이들의 집중력에는 한계가 있습니다. 보통 초등학생의 경우 한 번에 쉬지 않고 집중할 수 있는 시간은 학년 곱하기 10분으로 생각하면 됩니다.

1학년의 경우 한 번에 온전히 집중할 수 있는 시간은 10분 내외입니다. 10분 동안 문제집을 펴고 2~3문제 푸는 것보다 책을 2~3페이지 읽도록 하는 것이 결과적으로 훨씬 도움이 됩니다. 어차피 중학생, 고등학생이 되면 책 읽을 시간보다는 문제집 풀 시간이 늘어날 것입니다. 문제집은 나중에 질리게 풀게 되니 초등학생일 때 더더욱 책 읽을 시간을 주셔야 합니다.

책을 스스로 선택하게 해주세요

정보력이 좋아서 맘카페에서 추천을 받거나 독서 교육에 열의가 있는 경우 부모가 아이에게 읽을 책을 정해주기도 합니다. 물론 양질의 책을 아이에게 제공한다는 점에서 긍정적인 부분이 많습니다. 하지만 뉴먼이라는 학자의 연구에 따르면 읽기 자료가 흥미롭지 않거나 이해하기 힘들 때 오히려 아이의 학습에 역효과를 가져온다고 합니다. 아이가 언제 책을 스스로 즐겁게 읽게 될까요? 자신이 흥미 있는 책을 스스로 고를 수 있고 그 책을 읽을 수 있는 능력이 있을 때입니다.

독서의 즐거움에 초점을 맞출 때마다 많은 분들이 궁금해하는 것이 있습니다. 바로 교육용 만화입니다. 많은 부모들이 만화책에 대한 염려가 있습니다. 결론부터 말씀드리자면 만화책은 해롭지 않습니다. 오히려 만화책 읽기가 이후 독서 습관이나 다음 단계의 줄글 책을 읽을 때 도움이 된다는 연구 결과가 많습니다. 몇몇 연구 결과에 따르면 만화책을 많이 읽는 아이들이 독서 태도도 좋고 재미로 책을 자주 읽는다고 합니다.

책을 읽기 싫어하는 아이들에게는 가장 먼저 가벼운 만화로 된 책을 손에 쥐어주세요. 10명이면 10명 모두 만화로 된 쉬운 책이 좀 더 어려운 책 읽기로 넘어가도록 돕는 다리 역할을 해주었습니다. 아이들은 대부분 만화책을 재미있게 읽으면서 다른 읽기로 관심을 확장해 나갑니다.

만화책 이외에 하나 더 추천하자면 어린이 잡지입니다. 잡지에 보면 다양한 종류와 형식의 재미있고 짧은 글들이 많습니다. 시, 만화, 수필 등등…. 이런 잡지 종류의 책을 접한 아이들도 독서에 흥미가 매우 높았습니다.

보상과 시험은 지양합니다

독서에 대한 보상과 독서 골든벨 같은 시험이 아이들의 책 읽기 습관을 형성하는 것에 도움이 될까요? 멕 로이드라는 연구원의 최근 연구 결과에 따르면 어느 페이지까지 읽으면 보상을 준다는 그룹과 보상이 없는 그룹 간에 지속적인 독서 능력에 대한 실험을 한 결과 보상이 있는 그룹의 아이들은 정해진 부분까지는 확실히 읽었지만 그 이상을 읽는 경우는 거의 없었습니다. 반면, 보상이 없는 그룹에서는 표시된 페이지를 훨씬 넘어서까지 몰입해서 즐겁게 책을 읽었습니다.

독서 시험을 보는 그룹의 아이들과 독서 시험을 보지 않는 그룹의 아이들에 대한 연구 결과도 흥미롭습니다. 시험을 보는 그룹과 보지 않는 그룹 모두 1년이 지난 뒤 학업 성취도는 거의 차이가 없었다는 결론입니다. 또한 시험을 보게 되면 자연히 아이들은 어느 정도 긴장을 하게 되는데 이런 긴장된 분위기는 뇌가 활성화되지 못하게 하며 아이들의 언어 습득에 방해가 된다고 합니다. 따라서 보상과 시험은 아이가 책을 즐겨 읽게 하는 것에 큰 도움이 되지 않는다고 할 수 있겠습니다. 차라리 자유롭게 글로 표현하는 것이 독서 습관을 형성하는 것에 더 효과적일 것입니다.

독서는 아이들의 언어 실력을 향상시키고 뇌를 발달시키는 지름길입니다. 아이들이 즐겁게 책을 읽을 때 노력하지 않아도 저절로 언어 실력은 늘어납니다. 그리고 이렇게 즐겁게 책을 읽는 습관은 외국어 공부를 할 때, 또 글쓰기를 할 때도 전이가 됩니다. 아이들이 원하는 책을 자발적으로 즐겁게 읽게 해주세요. 교습소 열 군데 보내는 것보다 훨씬 아이들 인생에서 보물 같은 습관이 될 것입니다.

※ 사.자.교육(사람다움 자녀교육) 핵심 노트

아이가 책에 대한 편견을 깨고 좋아하게 도와주세요. 책이 풍부한 환경을 만들어주고 책 읽는 모습을 아이에게 보여주세요. 책을 직접 읽어주거나 아이 스스로 읽고 싶은 책을 맘껏 골라 읽을 수 있도록 시간을 주세요. 책을 싫어하는 아이에게 독서 시험이나 독후감은 별로 도움이 안 됩니다.

친구들이 모두 학원에 다닌다는 아이, 우리 아이도 학원에 보내야 할까요?

저도 교사지만 가장 고민이 많이 되고 신경이 쓰이는 게 바로 학원 문제입니다. 나름의 교육 철학으로 부부끼리 합의가 되어 있고 아이와 대화를 통해 아이가 원하는 것을 지원하고 있더라도 가끔 여기저기서 아이 교육에 열을 올리고 있다는 소리를 듣는다면 어느 정도는 고민이 되겠지요. 다음은 실제 사례를 바탕으로 조금 과장하여 각색한 이야기입니다.

동창A : 너희 아들 수학 점수 어때? 우리 아들은 이번 기말고사에서 많이 올랐더라고~

중간고사 점수가 형편없어서 이번에 서울대 나온 과외 선생님 하나 붙였더니 점수가 아주 그냥 팍팍 오르네? 돈이 좋긴 좋다야~

동창B : 좋겠다. 이왕 과외 하는 거 열심히 해서 점수 팍팍 올려.

동창A : 너희 애도 같이 붙여줄까?

동창B : 아니야, 됐어. 우리 애는 공부에는 취미 없어. 억지로 시키고 싶지도 않고.

동창A : 애가 취미가 없다고 해서 내버려 둘 거야? 나중에 애한테 원망 듣고 싶니?

동창B : 그게 아니라 자기가 하고 싶다는 걸 찾길 바라는 거야. 너나 나나 다 고만고만하게 살아도 지금 이렇게 잘살고 있잖아?

동창A : 웃기고 있네. 난 우리 아들 절대 나처럼은 안 키울 거야! 기죽지 않고 떵떵거리면서 살게 해줄 거라고.

동창B : 그거 다 너 욕심이야. 솔직히 말하면 네 아들 불쌍해 죽겠어. 주말인데도 쉬지도 못하고 새벽까지 과외에 학원에….

동창A : 너야말로 정신 차려. 좋은 엄마 코스프레 하다가 나중에 원망 듣지나 마!

동창B : 나는 뭐 손 놓고 있는 줄 아니? 우리 아이 적성이 뭔지 같이 고민하고 찾아주고 있어. 얼마 전에 학생복 쇼핑몰 해보고 싶대서 같이 알아봐주고 그거 도와주고 있어. 실제로 우리 회사 사람들한테 보여줬더니 이건 아마추어 같지 않다고 하면서 잘될 거라고 응원해주더라.

동창A : 쇼핑몰? 기가 막히다 정말! 한창 공부할 나이에 뭔 말 같지도 않은 소리니!

동창B : 말 같지도 않다고? 솔직히 니가 나보다 얼마나 잘났다고 왈가왈부니?

동창A : 너보다 내가 학원이나 과외에 대해 더 잘 알거든?

동창B : 뭘 그렇게 잘 아는데? 비싸고 유명하다면 무턱대고 보내는 거 말고 더 아는 거 있으면 말해봐. 뭘 아는데?

동창A : 말 다했어?

동창B : 아니, 아직 남았어. 우리 애가 나한테 쇼핑몰 도와줘서 고맙다고 나랑 한 약속 지킨다고 했어. 공부도 열심히 해서 이번에 보니 성적 엄청 올랐더라? 우리 애는 학원 과외 없이 혼자 공부했어. 경영 경제 관련 대학 가야겠다고 하면서 목표가 생겼다면서 엄청 열심히 해. 그러니까 더 이상 네 교육 방식 나한테 강요하지 마.

동창A : 너 나 몰래 비밀 과외 했지? 학원 어디 보냈어? 정보 좀 나눠 줘 봐.

동창B : 끝까지 이러는구나? 과외든 학원이든 본인이 해야 하는 거야! 더 이상 연락하지 마!

심리학 용어 중에 영화관 효과라는 용어가 있습니다. 맨 앞줄이 일어서서 영화를 보면 뒷줄이 안 보이겠죠? 그래서 뒷줄이 일어나면 또 그 뒷줄이 일어나게 되고… 아이들 교육 문제에도 적용이 됩니다. 마치 어떤 사교육을 하지 않으면 뒤처지는 것처럼 분위기를 조성하는 사람들이 주변에 있으신가요? 입김이 센 엄마들이 바람을 잡으면 누구나 별 생각이 없다가도 흔들릴 수 있습니다.

숫자 3의 법칙이라고 있습니다. 실제로 EBS에서 방영했던 실험 영상을 보면 처음에 누가 한다고 했을 때 "그래?" 하는데 두 번째, 세 번째 사람까지 따라 하면 옆에 있던 다른 사람들도 모두 따라서 하게 되었습니다. 앞의 이야기에서 옷에 관심이 많은 아이가 쇼핑몰을 차리고 싶어 할 때 지원해 준 부모가 있었습니다. 이야기 속에서 아이는 최선을 다해서 원하던 쇼핑몰을 운영했어요. 이미 남들과 다른 값진 경험을 해본 아이에게 성공이냐 실패냐 결과가 중요했을까요? 경험을 통해 아이에게는 경영학과에 가고자 목표가 생겼습니다. 또 과외나 학원 수업 없이 열심히 공부해서 성적도 오릅니다.

"너 왜 영어 점수 이 모양이야?", "너 왜 문제집 안 풀었어?" 이렇게 쪼아댄다고 아이들이 바뀌는 것이 아닙니다. 그리고 자녀와 충분한 대화 없이 부모의 욕심만으로 이 학원 저 학원 보낸다고 아이들이 공부에 매달리지 않습니다. 아마 정신력이 강철이 아니고서야 금세 지쳐서 몸과 마음이 만신창이가 되거나 반발심에 탈선을 할 수도 있습니다.

독일에서는 필요한 사람들만 대학에 갑니다. 중고등학교를 거치면서 내가 직업으로 삼고 싶은 일에 대한 전문 지식을 대부분 갖춘다고 합니다. 독일 자동차는 세계적으로 유명합니다. BMW, 폭스바겐, 벤츠 등 이외에도 수많은 유명 자동차 회사들이 있어요. 어떻게 독일은 세계적인 자동차 강국이 되었을까요? 독일의 교육 과정을 살펴보면 어릴 때부터 자동차 엔지니어가 되려는 확고한 목표가 있으면 중학교 들어갈 때 이미 진로를 정해서 고등학교 졸업 이후 폭스바겐, 포르쉐 같은 자동차 회사에 들어가서 일할 수 있도록 교육 과정이 잘 짜여 있는 것을 확인할 수 있습니다. 목표가 확고한 아이들은 중고등학교를 보내는 동안 공부를 엄청 열심히 할 것입니다. 자신의 목표가 자동차 엔지니어로 확고하고 목표를 이루기 위해 해야 하는 공부가 명확하니까 대부분이 낙제 없이 원하는 일을 하게 되는 것이죠. 독일 학생들이 우리나라처럼 교습 학원 다니면서 공부하지는 않을 것입니다.

물론 우리나라에도 마이스터고 등 특성화 고등학교가 있습니다. 그런데 아직 체계적인 시스템이 부족하다 보니 특성화 고등학교에 진학하기 위해 새로운 사교육 시장을 만들어서 다니게 하고 있는 것이 안타까운 현실입니다.

학원 문제, 이렇게 해보세요

첫째, 자녀와 대화를 많이 해주세요. 아이의 생각과 아이의 마음에 먼저 공감해 주어야 합니다. 자녀랑 충분한 대화 없이, 자녀의 재능이 무엇인지 알아보려는 시도조차 하지 않은 상태에서 무조건 보내는 것은 좋지 않습니다. 대화가 우선, 등록은 다음입니다. 아이와 상의 없이 절대로 학원에 먼저 등록하지 않으면 좋겠습니다. 아이에게 어떤 학원이며 무엇을 배우는 곳인데 시작하면 최소 6개월 정도는 꾸준히 할 수 있는지, 학원에 친한 친구가 없어도 괜찮은지 다양한 측면에서 대화를 해보고 결정하면 좋겠습니다.

둘째, 왜 학원에 보내고 싶은지 스스로 3번만 자문해주세요.

나는 내 아이가 공부로 경쟁하여 사회가 정해놓은 성공과 원하는 것을 차지하도록 지원할 것인가? 나는 내 아이가 꼭 공부가 아니더라도 자기가 하고 싶은 일이나 다른 진로를 찾을 수 있게 끝까지 도와주고 지지할 것인가? 우리의 사회 시스템에서 다수의 흐름, 즉 줄의 앞쪽에 서기 위해 경쟁하는 것에 동참을 시킬 것인지 정해야 합니다. 인싸라고도 하죠? 대부분의 사람들이 성공이라고 정해놓은 기준이 있습니다. 줄 세우기로 치자면 줄의 앞쪽에 서는 것이죠. 공부로 치자면 끝판왕은 의사, 검사, 판검사 등이 되겠네요. 아무런 내적 동기 없이 아이들이 이런 직업을 가지고 살기만 하면 성공한 인생일까요? 아니면 외제차를 끌고 으리으리한 집에 살면서 건물 몇 채 소유하고 있으면 성공한 인생일까요?

아이 교육의 목표를 명확히 해주세요. 명문대에 보내는 것, 공부는 못하더라도 바르고 건강하게 자라게 하는 것, 돈을 많이 벌어 부자가 되는 것 등 부모님만의 교육 방향이 확고하게 있어야 합니다. 아이들마다 얼굴 생김새가 모두 다르죠? 마찬가지로 아이들마다 가지고 있는 재능, 개성, 잠재력 모두 다릅니다. 이런 질문들에 본인만의 명확한 이유와 답을 가지고 아이들 교육에 바르게 투자하시면 좋겠습니다.

※ 사.자.교육(사람다움 자녀교육) 핵심 노트

아이를 왜 학원에 보내고 싶은지 스스로 이유를 명확하게 하도록 고민해주세요. 그리고 학원에 보내기 전 반드시 아이와 대화해주세요. 시작하면 최소 6개월 정도는 꾸준히 할 수 있는지, 학원에 친한 친구가 없어도 괜찮은지 여러 측면에서 대화를 해보고 결정하면 좋겠습니다.

Q21.

학교 가기 싫다는 아이, 부모와 떨어지기 싫은 것이 이유라면?

1, 2학년 아이들 이야기입니다. 가끔 학기 초에 엄마가 보고 싶다고 우는 아이들이 있습니다. 깔깔대며 잘 놀다가도 갑자기 와서는 "선생님, 엄마보고 싶어요…." 하고 울 때도 있습니다. 엄마와 떨어지기 싫다고 등교를 거부하는 아이도 있어요.

이런 경우에는 원인이 여러 가지가 있는데 첫째, 학기 초에는 긴장을 하거나 스트레스가 생기는 일이 많아지기 때문입니다. 다 큰 어른들도 새로운 환경에 가다보면 긴장하고 스트레스를 받는데 아이들의 경우는 이런 압박감이 익숙하거나 좋은 느낌이 아니겠죠? 그래서 안 좋은 기분과 불안한 느낌들을 어떻게 조절해야 하는지 잘 몰라서 울거나 부모님을 찾는 방식으로 표현이 됩니다.

둘째, 부모님의 불안한 감정이 아이에게 전달되기도 합니다. 예를 들면 무의식 중에 집에서 아이에게 "너 학교 가서 잘하고 있니?", "너 혼자 진짜 할 수 있겠어?", "엄마는 너 괜히 아플까 봐…." 아니면 "다칠까 봐 불안하다." 등등 평소에 어렴풋이라도 걱정되거나 불안해하는 감정을 아이에게 표현했을 수 있습니다. 아이들은 눈치가 엄청 빠릅니다. 특히 엄마의 기분은 아빠보다 더 잘 알아챕니다. 만약 아이가 가정에서 불안함을 느꼈다면 집에서부터 아이에게 전해진 불안감이 학교에서 고스란히 드러나기도 합니다.

셋째, 분리 불안이 있는 경우입니다. 분리 불안은 여러 요인이 있겠지만 오은영 박사님의 이야기에 따르면 가장 큰 이유는 부모님과의 애착 형성에 문제가 있을 때 생긴다고 합니다.

아이와 가장 친근한 존재가 되어주세요

그러면 이렇게 엄마랑 안 떨어지려고 하고 학교에 가면 엄마가 보고 싶다고 우는 아이를 어떻게 도와주어야 할까요?

첫째, 경험을 쌓아주어야 합니다. 아이가 크면서 겪는 일들, 예를 들면 동생이랑 싸워서 지기도 하고, 달리기하다가 넘어져 다치기도 해보면서 느끼는 모든 감정들은 아이가 성장하기 위해 꼭 필요한 좌절과 스트레스가 되기도 합니다. 요새 부모님들은 최대한 아이에게 이런 힘든 감정은 안 느끼게 해주고 싶어 하시는 것 같아요. 물론 아이에게 트라우마가 생길 정도로 너무 과하면 안 됩니다. 제가 강조하고 싶은 것은 일상생활에서 누구나 겪는 좌절이나 스트레스를 아이가 경험하는 것을 너무 두려워할 필요는 없다는 것입니다. 아이에게 부모와 떨어져도 안전하고 문제가 없다는 경험을 하게 해주세요.

예를 들면 쓰레기를 버리러 나갈 때 같이 나가서 아이랑 약속을 합니다. 오늘은 같이 다녀오고 내일은 한 걸음 뒤에 있고 그다음 날은 두 걸음 뒤, 마지막에는 집 안에서 기다리게 하는 방법입니다. 아이에게 엄마와 잠시 떨어져도 안전하고 편안하다고 느끼는 경험을 해주어야 합니다.

둘째, 아이와 신뢰를 잘 쌓아야 합니다. 저는 학부모 상담을 할 때 이런 질문을 자주 하곤 합니다. 가장 좋은 부모는 어떤 부모일까요? 정답이 없는 질문이죠. 그래도 수많은 대답들 중에 가장 인상적이었던 대답은 '아이가 믿는 부모'였습니다. 신뢰가 있어야 아이가 부모로부터 사랑을 받을 때 의심을 안 하겠죠?

몰래 가거나 지키지 못할 약속은 하지 말아주세요

부모와 강한 친밀감과 단단한 신뢰 관계를 맺은 아이들은 살면서 섭섭

하거나 억울하거나 속상한 일이 있을 때 분노와 절망에 쉽게 빠지지 않게 됩니다. 그런데 정성스럽게 쌓은 신뢰감이 깨지는 경우가 있습니다. 첫 번째 경우는 아이 몰래 가버리는 것입니다. "엄마 여기 있을게. 괜찮아." 해놓고 아이 몰래 가버리면 그때 아이가 느끼게 되는 배신감과 분노는 부부 사이 배우자의 바람을 목격하는 것 이상으로 큰 충격이 된다고 합니다. 그리고 더 이상 엄마는 신뢰의 대상, 안정적인 존재가 아니게 될 것입니다.

두 번째 경우는 약속을 안 지키는 것입니다. 부모가 이 말 했다가 저 말 했다가 하거나 거짓말을 아이에게 자주 하게 되면 그때부터는 부모의 권위도 흔들릴 뿐더러 아이에게 엄마, 아빠는 더 이상 믿을 만한 존재가 아니게 됩니다. 아이와 헤어질 때 아이가 우는 모습을 보고 당장은 마음이 아프더라도 아이에게 솔직하고 단호하게 말을 해야 합니다.

"엄마가 출근을 해야 해서 지금 여기까지만 함께 있을 수 있어. 퇴근하고 꼭 약속시간 맞춰서 데리러 올게. 나는 우리 아들 믿는다. 우리 딸 잘 할 거라 믿는다! 엄마가 어디 멀리 있는 거 아니니 너무 걱정하지 마."

아이에게 솔직하게 말하고 단호하게 행동해주세요. 아이와 시간 약속을 했으면 그 시간만큼은 목에 칼이 들어와도 지켜주세요. 가장 좋은 부모는 아이가 상처를 받을까 봐 거짓말을 하거나 속이는 부모가 아니라 아이와 친밀하고 끈끈한 신뢰 관계가 있는 부모입니다.

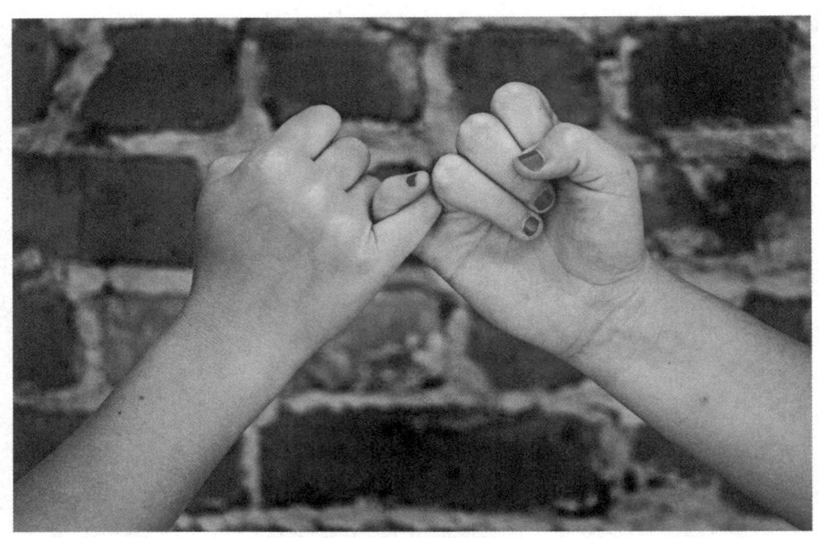

※ 사.자.교육(사람다움 자녀교육) 핵심 노트

1, 2학년 아이들이 아침마다 학교에 가기 싫은 이유는 여러 가지가 있습니다. 친구 관계나 적응의 문제가 아니라면 아이에게 안정감을 주세요. 몰래 가거나 지키지 못할 약속은 하지 마세요. 엄마와 떨어져도 안전하다는 경험을 연습하는 것도 큰 도움이 될 겁니다.

학교에서 대소변 실수한 아이, 무슨 말을 해주면 좋을까?

1학년의 경우 간혹 아이가 학교에서 실례를 했다고 연락을 받고 당황스러운 경우가 생길 수 있습니다. 유치원에서도 실수를 잘 하지 않던 아이가 왜 1학년 교실에서 실례를 한 것일까요?

유치원과 초등학교의 가장 큰 차이점은 쉬는 시간입니다. 유치원은 쉬는 시간이 따로 없습니다. 그래서 놀이하다가 화장실도 가고 싶을 때 아무 때나 갔다 오면 됩니다. 하지만 초등학교는 쉬는 시간과 수업 시간이 분명하게 구분이 되어 있습니다. 대부분 담임 선생님들이 아이가 쉬가 마렵거나 응가가 마려울 때면 참지 말고 화장실에 다녀오라고 안내를 하지만 입학 초기에는 낯선 학교라는 공간에서 오는 긴장감, 성격상 수줍음 등의 다양한 이유로 대소변을 참다가 실수를 하는 경우가 가끔 있습니다.

담임 선생님이 학교에서는 엄마나 아빠 같은 존재임을 자주 말해주세요

용변 실수를 했을 때 보통 교사에게 와서 바로 알리기보다는 울고 있거나 어쩔 줄 몰라 하는 경우 많습니다. 아이들은 이런 경우 자기가 잘못했다고 느끼거나 선생님에게 혼날 것 같다고 오해하는 경우가 많더라구요. 대부분의 1학년 선생님들은 경력이 많거나 경험이 풍부한 분들이 많습니다. 그래서 선생님들마다 다양한 방법으로 아이들을 배려해주시는데요. 저의 경우는 남자아이인 경우 일부러 제 물병을 들고 실례한 아이 근처에 가서 쏟기도 합니다. 그리고 나서 미안하다고 선생님이랑 화장실에 같이 가자고 하죠. 여자아이의 경우는 아이를 따로 불러서 "화장실에 선생님이 뭘 좀 두고 왔는데 가져다줄래?" 하고 심부름을 시키기도 합니다. 그리고 나서 보건 선생님이나 가까운 여자 선생님들께 부탁을 드리기도 했습니다. 그런데 이때 담임 선생님에 대해 아이가 지나친 경계심이나 적개심이 있다면 상황을 좋게 해결하는 것이 어려울 수 있습니다. 또한 1, 2학년은 해맑고 놀리고 웃고 하는 것을 좋아할 나이라서 킥킥대거나 "쉬했대요.", "똥쌌대요." 하고 놀리는 경우도 있을 것입니다. 아이가 담임 선생님을 믿고 따를 수 있게 평소에 집에서 긍정적으로 말해주세요.

비상 연락처를 알려주시고 여벌 속옷과 바지를 가방이나 보조 가방에 챙겨주세요

특히 맞벌이 가정인 경우 여벌 속옷과 여벌 바지를 한 벌 정도는 항상 가방이나 사물함에 넣고 다니면 좋습니다. 학교에서 학년 초 기초 환경 조사서나 응급 상황 동의서 등 여러 가지 방법으로 비상 연락처를 조사합니다. 조부모님이나 가까운 친인척 등 학교에 최대한 일찍 도착할 수 있는 분의 연락처를 적어주세요.

물론 연락이 아무도 되지 않고 긴급할 경우 보건실이나 학교 비품함에 여벌옷이 있는지 확인해보기도 합니다. 하지만 상황에 따라 여의치 않은 경우 아이가 진짜 난처할 수 있어요. 그래서 저학년 아이를 둔 맞벌이 가정이라면 더더욱 미리 가방에 여분의 바지와 속옷 등을 챙겨주시면 좋겠습니다.

되도록 병원에 데려가주세요

대변 실수를 했다는 연락을 받고 학교에 오신다면 아이에게 배가 아픈지 물어본 뒤 배가 아프다고 하면 꼭 병원에 데려가주세요. 아이가 응가 실수를 하는 경우 대부분 조절 능력이 부족해서가 아니라 장염이나 식중독 등 질병으로 인해 실수하는 경우가 많았습니다.

혼내지 말고 아이를 다독여주세요

아이가 실수한 것에 대해 부모도 부끄러울 수 있습니다. 또 가뜩이나 바쁜데 학교에 와야 하니 조급한 마음에 아이에게 화를 내는 경우도 봤습니다. 그런데 용변 실수는 아이의 잘못이 아니죠? 혼내지 말아주세요. 용변 실수를 했을 때 혼나게 되면 아이들은 위축이 되고 트라우마가 생길 수도 있을 것입니다. 실제로 몇 차례 실례한 아이가 엄마, 아빠한테는 절대로 말하지 말라는 경우도 있었습니다. 아이가 가정에 돌아가면 부모님께서 따듯하게 안아주시거나 그럴 수도 있다고 다독여주시길 바랍니다. 아이도 많이 안심이 되고 마음이 편해질 것입니다.

※ 사.자.교육(사람다움 자녀교육) 핵심 노트

가끔 1학년의 경우 학교에서 실례를 하기도 합니다. 아이가 담임 선생님께 편하게 말할 수 있도록 아이에게 담임 선생님에 대한 믿음을 표현해주세요. 아이가 위축되지 않도록 혼내지 말고 다독여주세요. 배가 아프다면 꼭 병원에 데려가주시면 좋겠습니다.

학부모 공개 수업 날 무슨 옷을 입을까 만큼 중요한 3가지

아이의 초등학교 생활 동안 해마다 한 번씩 학부모 참관 공개 수업을 합니다. 많은 부모님들께서 무슨 옷을 입고 갈지 고민하실 텐데요. 수업을 준비하는 입장에서는 아이들의 어떤 모습을 보여드릴지 그만큼 고민을 합니다. 담임 교사 입장에서 공개 수업에 참관하시는 부모님들께 미리 말씀을 드리면 좋겠다는 몇 가지 팁을 공유해보겠습니다. 공개 수업 전, 공개 수업 중, 공개 수업 후로 나눠서 딱 한 가지씩만 이야기하겠습니다.

첫째, 공개 수업 전에는 이왕이면 조금 일찍 도착하시는 것이 좋습니다. 보통 공개 수업 전에 가정통신문으로 몇 시 몇 분에 시작한다고 공지를 하는데요. 예를 들어 수업이 10시 40분부터 시작이면 늦더라도 35분쯤에 도착하시는 걸 추천합니다. 아이들의 교우 관계나 평소 모습을 자연스럽게 볼 수 있기 때문입니다.

아무래도 공개 수업을 할 때 아이들의 모습은 평소랑 완전히 같을 수는 없습니다. 엄마나 아빠가 쳐다보고 있다는 사실만으로도 긴장이 되거나 흥분이 될 것입니다. 또 엄마와 아빠 말고도 수많은 어른들이 쳐다보고 있으니 많이 부자연스러울 것입니다.

보통 공개 수업은 1교시에 바로 하지 않고 2교시나 그 이후로 잡는 경우가 많습니다. 그래서 쉬는 시간에 도착하는 것을 추천합니다. 쉬는 시간에 화장실은 누구랑 다녀오는지, 아니면 책상 위에 책은 잘 준비해놓았는지 등을 살펴보면 좋습니다. 너무 지나치게 일찍 가면 실례가 되겠지만 5~10분 정도는 크게 실례가 아닙니다.

쉬는 시간에 어떻게 지내는지 보면 아이가 학교에서 지내는 객관적인 모습을 보실 수 있을 겁니다. 덧붙이자면 아이를 지켜보기 좋은 좀 더 나은 자리를 선점할 수도 있습니다. 그래서 무조건 5분 정도는 일찍 가시기를 추천하겠습니다.

둘째, 공개 수업 중에는 긍정적인 아이 컨택이 중요합니다. 공개 수업 시간에 아이와 눈을 마주치게 되는 순간이 있으실 것입니다. 교사도 공개 수업을 하다 보면 부모님들이 자기 아이들을 주시하고 있는 것을 발견합니다. 그런데 눈빛이랑 표정에서 느껴지는 기운들이 다양합니다. 입은 움직이지 않는데 마스크를 뚫고 나오는 냉냉한 기운이라든지, 눈으로 레이저를 쏘고 있다든지….

평소보다 긴장하거나 초조해서 더 집중을 못하거나 발표를 못하기도 합니다. 안 그래도 긴장되고 초조한데 엄마까지 자기를 노려보거나 무표정을 짓고 있으면 아이는 무슨 생각이 들까요? 그날 이후부터 엄마나 아빠가 학교에 오는 것이 정말 싫지 않을까요? 비록 부모님 눈에는 좀 더 잘했으면 좋겠다는 생각이 들더라도 아이와 눈을 마주치면 아이에게 따뜻한 눈빛을 보내주시고 웃는 표정, 힘내라는 응원의 제스처를 꼭 부탁드립니다.

셋째, 공개 수업 마치고 아이가 집에 돌아갔을 때 부모님의 피드백이 정말 중요합니다. 공개 수업을 하면 기억에 남을 정도로 눈에 띄게 잘하는 아이들이 있습니다. 반대로 기억에 남을 정도로 걱정이 되는 아이도 있을 것입니다. 공개 수업 이후 가정에서 다시 만난 아이에게 그 아이가 누구인지 물어보거나 친구의 칭찬이나 반대로 흉을 보실 수도 있으실 것입니다. 두 가지 경우 모두 좋지 않습니다. 그냥 이름만 물어봤더라도 아이 입장에서는 엄마가 자기와 비교한다고 느낄 수도 있기 때문입니다. 좋지 않은 행동이나 돌발 행동을 한 친구에 대한 이야기를 하는 것도 아이가 이후에 그 친구와 지내는 것에 편견이 생기거나 벽이 생길 수도 있습니다.

칭찬은 고래를 춤추게 합니다

되도록 친구들에 대한 언급보다는 아이에게만 집중해서 이야기해주세요. 아이가 잘했던 점을 한두 가지라고 하더라도 반드시 기억해 두셨다가 칭찬하길 바랍니다. 칭찬은 고래도 춤을 추게 합니다.

"우리 아들 발표 너무 잘하던데?"

"우리 딸 수업 시간에 눈이 아주 반짝반짝하더라?"

관찰한 사실을 바탕으로 애정을 듬뿍 담아 표현한다면 더욱 좋을 것입니다.

그렇다면 아이에게 느낀 아쉬운 점은 어떻게 지도하면 좋을까요? 일단 공개 수업 날에는 지도하지 않는 것이 좋습니다. 이후에 같은 문제로 가정에서 지도해야 할 일이 생기거나 담임 선생님께 연락을 받았을 때 아이의 아쉬웠던 부분을 근거로 해서 어떻게 교육할지 방향을 잡으시면 좋겠습니다.

어른의 시각으로 보면 아이들마다 부족한 부분이 보일 것입니다. 그런데 아이들 기준에서 보자면 각자 발달 속도도 다르고 아이마다 집중할 수 있는 시간도 모두 다릅니다. 아이가 학교에 가서 크게 문제 행동을 하지 않고 집으로 돌아온 것만으로도 큰 성취를 한 것이라고 말씀을 드리고 싶습니다.

물론 학교에서 발표를 잘하고 친구를 잘 돕고 친구들에게 인기가 많고 공부를 잘하면 너무 좋겠죠? 이런 것들은 보너스라고 생각해주세요. 그리고 공개 수업에서 보고 간 아이들의 수업 태도나 수업 시간 모습이 다가 아니라는 것을 꼭 기억하셨으면 좋겠습니다.

만약 아이에게 좋은 모습을 많이 보고 가셨다면 가정에서도 꼭 애정어린 지지와 응원을 계속 보내는 근거로 삼아 주세요. 반대로 아이에게서 속상하고 부족한 부분을 발견했다면 오히려 잘된 기회로 삼아 지혜로운 교육 방법을 찾는 근거로 삼으시면 되겠습니다. 아이의 담임 선생님과도 잘 소통하셔서 함께 고민해보는 것도 좋은 방법이 될 것입니다.

※ 사.자.교육(사람다움 자녀교육) 핵심 노트

1. 공개 수업 전에 5분만 일찍 도착해주세요. 아이들의 생생한 모습을 볼 수 있습니다.
2. 공개 수업 중에는 긍정적인 아이컨택을 해주세요. 아이들도 긴장합니다.
3. 공개 수업을 마치고 집에 돌아가면 그날은 꼭 애정 어린 칭찬과 응원을 해주세요.

Q24.

학부모 상담, 요령이 있다면?

아이들이 학교에 가게 되면 크고 작은 일들로 담임 선생님과 소통을 해야 하는 일들이 생깁니다. 평소에 상시로 학부모 상담을 하는 경우와 1학기에 한 번, 2학기에 한 번 하는 주기적인 학부모 상담을 하게 되는 경우 요령을 나눠서 이야기해보겠습니다.

평상시에 담임 선생님과 상담을 하는 경우

1. 미리 문자 메시지로 약속을 정하세요

대부분의 교사들은 주중에는 오전부터 오후까지 수업을 합니다. 그래서 아이들이 하교하기 전에는 전화를 받기가 곤란할 경우가 많습니다. 그래서 급하게 담임 선생님과 연락을 해야 할 경우를 제외하고는 문자 메시지로 미리 상담 시간 약속을 정하는 것이 좋습니다.

2. 약속 시간은 아이들 하교 이후로 정해주세요

학년마다 요일마다 아이들 하교 시간이 다릅니다. 그리고 아이들이 하교한 이후에도 교사들마다 맡은 업무가 있고 학습 준비물, 교육 과정 및 수업 준비 관련 다양한 회의를 합니다. 그래서 되도록 아이들 하교 시간 이후에 여유 있게 상담 시간을 정하는 것이 좋습니다.

3. 무슨 일로 상담을 원하는지 미리 알려주세요

20명이 넘는 아이들이 함께 지내다 보면 하루에도 정말 많은 일들이 교실에서 일어납니다. 쉬는 시간에 아이들끼리 복도에서 대화한 내용이나 하교 시간에 운동장에서 일어난 일 등 교사가 인지하지 못한 일들도 있습니다. 그럴 경우 무슨 일로 상담을 요청하는지 미리 알려주셔야 합니다. 교사 입장에서는 미처 인지하지 못했을 경우 미리 아이들에게 물어보고 객관적인 사실을 파악할 수 있습니다. 평소에 교사가 인지하고 관찰했던 내용과 함께 상담이 필요한 사안을 정확하게 전달할 수 있을 것입니다.

1학기 학부모 상담

1. 형식적이고 가벼운 대화로 시작하면 좋아요

1학기 학부모 상담은 2학기와 다르게 담임 교사와 처음으로 공식적인 소통을 하는 시간입니다. 모르는 사람끼리도 처음 공식적인 자리로 만나게 되면 예의를 갖춰 인사를 한 뒤 깊은 이야기보다는 서로의 정보를 알리는 가벼운 대화를 합니다.

"안녕하세요? 아이 통해서 학교생활에 대해 잘 듣고 있습니다." 또 아이를 통해서 들었던 이야기 중에 선생님에게 고마운 점이 있다면 "아이가 선생님이 수업 즐겁게 해주신다고 너무 좋아해요." 하고 표현하시는 것도 아이스 브레이킹에 큰 도움이 될 것입니다.

2. 질문은 가벼운 것부터

보통 1학기 상담은 3월 말에서 4월 말 사이에 이루어집니다. 물론 3월 초에 '기초 가정환경 조사서'를 제출 하지만 짧은 기간 동안 담임 선생님이 아이에 대해 자세하고 깊게 파악하기가 쉽지 않습니다. 그래서 아이에 대한 자세하고 깊은 질문보다는 관찰하기 쉬운 점들을 물어보시는 것이 좋습니다. 예를 들면 선생님께 인사는 잘하는지, 수업 시간에 발표를 하려고 하는지, 어떤 친구랑 가깝게 지내는지 등 선생님이 관찰하기 쉬운 질문들을 하시는 것이 좋습니다.

3. 아이의 정보를 알려주세요

가장 먼저 담임 선생님이 꼭 알고 있어야 할 민감한 사항들을 알려주셔야 합니다. 아이의 건강과 관련된 이야기, 또 이전 학년에서 있었던 일, 친구 관계 문제 등 아이에 대해 문자나 짧은 글로는 설명할 수 없었던 이야기들을 해주셔야 합니다.

건강 관련해서는 다니고 있는 병원이 있는지, 시력이 얼마나 안 좋은지, 알레르기 등등을 이야기해주세요. 교사가 자리 배치나 급식지도 할 때 학급 운영에 참고할 수 있습니다. 또 이전 학년에서 있었던 문제나 교우 관계에서 있었던 문제 등을 정확하고 자세하게 알려주세요. 앞으로 아이들을 지도하고 교육할 때 더 좋은 방향을 모색하고 도울 수 있습니다.

2학기 학부모 상담

2학기 상담은 구체적이고 자세하게 소통하시는 것이 좋습니다. 아이들의 학교생활은 크게 두 가지로 나눌 수 있습니다. 학교 공부 부분과 학교생활 부분입니다.

1. 학습적인 면에 대해 질문해주세요

학교 공부 관련해서는 아이가 뒤처지는 과목이 있는지, 반대로 좋아하는 과목은 무엇인지 물어보시고 이후 부족한 부분을 가정에서 공부 계획을 세우거나 학원에 보내실 때 도움이 될 겁니다. 그리고 수업 시간에 집중을 잘하는지, 발표를 잘하는지 꼭 물어보셔야 합니다.

사실 초등학교에서 배우는 교과의 지식들은 억지로 학원에 다니기만 해도 채울 수는 있습니다. 하지만 성실함과 끈기, 태도는 학원에 보낸다고 길러지는 것이 아닙니다. 혹시 담임 선생님께서 아이가 산만하다거나 딴짓을 많이 한다거나 수업 태도가 안 좋다고 한다면 아이를 위한 직언이라 생각하시고 아이 교육에 대한 방향과 방법을 심사숙고하는 기회로 삼으셔야 합니다.

2. 평소 학교생활에 대해 질문해주세요

많은 부모들이 학교에서 아이의 교우 관계를 가장 궁금해 합니다. 학교에서 친구들과 잘 지내는지, 누구랑 주로 어울리는지, 갈등이 있었는지, 갈등이 있었다면 잘 해결했는지 등등 구체적으로 물어봐 주세요. 그리고 아이가 집에 와서 친구들 관련 이야기를 했다면 잘 기억해 두셨다가 사소한 이야기라 할지라도 이야기해주세요.

담임 교사 입장에서는 한 반에 20명이 넘는 아이들이 있다 보니 겉으로 보이는 모습으로 판단을 합니다. 겉으로 웃고 잘 지내지만 알고 보니 친구 사이에서 사소한 말로 상처를 받고 오해가 있거나 문제가 곪아서 나중에 터지는 일들도 있습니다. 친구들과 문제가 생기면 학교 오는 것이 싫어지게 됩니다. 담임 선생님이 아이들을 중재하고 오해를 풀 다리를 놓아주게 하려면 아이들끼리 사소한 일이라도 알리셔야 합니다.

학교생활에서 드러나는 아이의 기질이나 성격 또한 물어봐주세요. 아이들의 가정에서 모습과 학교에서 모습이 다른 경우가 많습니다. 학교에서 외향적인지, 내성적인지, 감정적인지, 차분한 편인지, 리더십이 있는지 친구들을 잘 배려하는 편인지 등을 물어보시는 것이 좋습니다.

더 나아가서 담임 교사가 보기에 아이의 성격상 고쳤으면 하는 부분이 있는지도 물어보면 좋습니다. 2학기 상담 특성상 더 진솔하게 이야기를 나눌 수 있을 것입니다.

※ 사.자.교육(사람다움 자녀교육) 핵심 노트

학부모 상담은 평상시에 하는 상시 상담, 시간을 정해서 하는 1학기, 2학기 상담으로 나눌 수 있습니다. 알려드린 팁을 참고해서 각각 특성에 맞게 효율적으로 임한다면 아이에게 직접적으로 큰 도움이 되는 상담이 될 것입니다.

Q25.

우리 아이, 학교에서 친구들이랑 잘 지내나요?

학부모 상담을 하면 공부 다음으로 학부모들이 가장 궁금해하는 부분이 바로 아이들이 학교에서 친구들과 잘 지내는지입니다. 더군다나 코로나 바이러스로 인해 온라인 수업과 병행하는 시기가 있었습니다. 등교하는 날이 적다 보니 학기 초에는 아이들이 새로운 친구들과 친해지는 데 어려움도 많았습니다.

학기 초 3월 한 달 정도는 처음으로 같은 반이 된 친구하고는 데면데면하기도 합니다. 보통 1학기 학부모 상담은 이르면 3월 말, 늦으면 4월 말쯤 합니다. "우리 아이가 친구들이랑 친해질 시기를 놓친 것은 아닐까요?", "친구들 무리에 못 들면 어떻게 하죠?" "친구가 없어서 학교에 가기 싫대요." 등등 아이들 친구 문제로 많은 고민과 질문이 있습니다.

아이의 교우 관계가 걱정될 때, 이렇게 해보세요

첫째, 아이를 전적으로 믿고 학교 폭력 사안이 아니라면 직접적인 개입은 참아주세요. 학교와 사회의 다른 점은 사회는 관계를 연습하고 수정하기 어렵지만 학교에서는 어느 정도 가능하다는 점입니다. 그래서 아이들끼리 싸우거나 오해가 생겼을 때 당사자들끼리 혹은 또래 집단 안에서 해결할 수 있는 경우가 많습니다. 그런데 부모님이 아이들 관계에 직접 개입하는 경우 아이가 스스로 관계 문제를 해결하는 방법을 배울 수 있는 기회를 놓쳐 안타까운 경우를 많이 봤습니다.

또한 부모님이 나서서 억지로 친해지게 하거나, 반대로 억지로 화해하게 하는 것도 좋은 방법이 아닙니다. 아이들이 스스로 자신과 잘 맞는 친구를 구별하거나 반대로 자기랑 좀 맞지 않는 친구를 파악하는 방법, 거리를 두고 적당히 지내는 법 등등을 배울 기회를 놓치게 되기 때문입니다. 아이 입장에서는 큰 손해입니다. 물론 방관하라는 말은 아닙니다. 학교생활 특히 교우 관계에 관심을 갖되 아이가 스스로 배우고 해결하도록 지지하고 뒤에서 응원해주세요. 둘째, 친구들의 말이나 행동을 잘 구별해야 한다고 말해주세요. 1학년 때와 6학년 때 입는 옷을 비교하면 아동

복과 기성복만큼 차이가 큽니다. 그렇지만 몸은 컸는데 마음은 아직 몸을 못 따라가는 아이들이 많습니다. 어른들도 말실수를 하기도 하고 행동도 후회할 때가 많은데 아이들이 완벽할까요? 미성숙한 부분이 더 많겠죠?

친구가 자신에게 상처되는 말을 하거나 아이가 친구에게 뭘 제안했는데 친구가 거절했을 경우 친구가 나를 정말 싫어서 그렇게 말과 행동을 한 것인지, 아직 미성숙한 아이들이라서 표현 방법이 서툰 것인지 잘 구별하도록 대화해주세요. 대부분 아이들은 가까운 친구에게 더 많이 상처를 받고 더 속상해합니다. 하지만 평소에 알고 지냈던 그 친구의 태도나 맥락을 떠올려보고 특별히 내 아이가 그 친구에게 잘못하지 않았다면 오해일 경우가 많습니다.

그때는 "네가 싫거나 뭘 잘못해서 그런 게 아니고 서로 오해가 있을 수 있어." 하고 "친구와 터놓고 이야기해보는 건 어떨까?" 하고 진심으로 소통할 수 있도록 격려해주세요. 대부분 아이들끼리의 문제는 터놓고 이야기를 하면 스르륵 풀리는 경우가 많았습니다.

인간관계에 대한 이론 중 127법칙이라고 있습니다. 가만히 있어도 나를 좋아하는 친구는 무조건 10퍼센트가 있고 내가 뭘 하든 나한테 별 관심 없는 친구 70퍼센트, 그리고 내가 가만히 있어도 나를 좋게 생각 안 하는 친구가 20퍼센트 있을 수 있다는 말입니다.

그래서 아이들에게 반에서 친구들과 문제가 있다면 이렇게 말해주는 것도 도움이 될 것입니다. "한 친구가 설령 너를 싫어하더라도 아무리 생각해도 이유를 모르겠다면 억지로 친해지려고 스트레스 받을 필요 없어.", "아무리 노력해도 친해지기 어려운 친구가 있어! 너를 그냥 좋아하는 친구들도 분명 있을 거야." 하고 조언해주세요.

'친구 관계가 원래 그렇구나! 모든 친구들과 잘 지내기 어려울 때가 있어도 원래 그런 거구나!' 하고 아이가 잘 받아들인다면 교우 관계로 인한 스트레스는 한결 나아질 것입니다. 혹시 따돌림을 당하는 경우가 아니라면 교실 안에서 여러 친구들과 지지고 볶고 지내보는 경험을 통해 아이들이 잘 성장해갈 것입니다. 따돌림을 당하는 경우라면 담임 선생님과 상의 후 단호하게 대처하세요.

셋째, 할 말이 있다면 표현하도록 독려해주세요. 사실 외향적인 아이들보다 내성적인 아이들이 친구 관계에 있어서 어려움을 겪는 경우가 많습니다. 혹시 자녀가 내성적인 편이라면 말이 아니더라도 본인의 의사를 어느 정도는 표현하도록 독려해주셔야 합니다. 친구들끼리 지내다가도 싫은 것이 있다면 "난 이건 좀 아닌 것 같아." 하고 표현할 수 있어야 합니다. 표현하는 것 자체는 누가 가르치는 것이 아닙니다. 스스로 해야 합니다. 우리가 아이들에게 교육해야 할 것은 좋은 표현 방법입니다.

내성적이라고 하더라도 다양한 비언어적 표현을 통해 전달할 수 있습니다. 그래야 친구도 '아~ 걔는 이런 말을 싫어하는구나!' 하고 알 수 있어요. 그다음부터는 서로 싫어하는 말, 싫어하는 행동을 파악해서 조심

할 수 있게 되는 겁니다. 특히 아이들은 아직 옳고 그른 것에 대한 판단이 미성숙한 경우가 많아서 한쪽이 상처 주는 말이나 행동을 하는데 다른 한쪽이 다 참고 받아주면 더 심하게 놀리고 장난치고 상처 주는 말을 하는 경우가 많습니다. 그래서 상처를 받았거나 내 생각과 다를 때 건강하게 잘 표현하도록 독려해주세요.

※ 사.자.교육(사람다움 자녀교육) 핵심 노트

아이의 교우 관계가 걱정되더라도 직접적인 개입은 참아주세요. 친구의 말과 행동의 의도를 잘 구별하는 방법에 대해서도 알려주세요. 할 말이 있다면 여러 가지 방법으로 표현하는 것도 좋은 교우 관계를 맺기 위해 필요합니다.

Q26.

일기 쓰기를 너무 싫어하는 아이, 방법이 없을까요?

초등 글쓰기 과제의 양대 산맥이 있습니다. 바로 일기 쓰기와 주제 글쓰기입니다. 보통 일기 쓰기는 저학년에서, 주제 글쓰기는 고학년에서 자주 합니다.

일기 쓰기는 1학년 1학기에 처음 등장합니다. 1학년 1학기 국어 마지막 단원이 '그림일기를 써요'입니다. 1학년 국어 교과서에는 날짜, 날씨, 그림, 제목, 그리고 3문장 정도로 그림일기 쓰는 법이 나와 있습니다. 교과서는 일기 쓰기 기초를 다지는 중요한 도구입니다. 많은 국어 교육 이론들 중에 권위 있는 근거로 짜깁기한 책이 교과서입니다. 그래서 교과서 구성을 바탕으로 아이들이 일기를 쉽게 쓸 수 있는 팁을 알려드릴께요.

많이 보고 많이 듣고 많이 읽도록 해주세요

아이에게 일기장을 사주면서 "이 일기장 예쁘지? 여기다가 일기 마음대로 쓰렴!" 하고 건네주면 "네, 엄마! 고마워요." 하고 일기를 뚝딱뚝딱 잘 쓸까요? 아닙니다. 먼저 보여주어야 합니다. 뭘 보여주란 말일까요? 바로 엄마나 아빠가 직접 쓴 일기입니다. 임신했을 때 쓴 육아 일기나 평소에 쓰는 다이어리, 또는 시중에 육아나 임신 관련 엄마들의 일기로 된 책도 좋습니다. 부모님의 인스타그램이나 SNS도 좋은 참고서가 될 것입니다. 엄마나 아빠가 직접 쓴 짧은 글과 사진이 있다면 금상첨화겠죠?

또래 친구들이 쓴 일기로 된 책도 도움이 될 수 있습니다. 『초딩의 73일 여행 일기장』이라는 책에서는 한 초등학생이 미국과 캐나다를 여행하면서 쓴 일기를 사진이랑 같이 보여줍니다. 흔한 남매의 '안 흔한 일기' 시리즈도 있습니다. 저도 참 고민이 많이 되는 책인데요. 부모님이 같이 읽으면서 코칭을 해주면 아이에게는 정말 좋은 책이 될 것입니다. 주의할 점은 웃음 요소를 위해 지나치게 장난스러운 부분들이 있습니다. 아이들이 일기를 쓸 때 매번 웃기게만 쓰려고 하지 않도록 지도하면 될 것 같습니다.

예를 들면 날짜를 '수요일인가?'라고 하는 부분, '날씨는 집에만 있어서 모름'이라고 적힌 부분이 있습니다. 물론 아이들은 평소 으뜸이(주인공) 말투라서 재밌을 것입니다. 매번 이런 것들만 따라 쓰게 되고 웃음 요소를 의식하는 습관이 들면 나중에 독이 될 수 있습니다.

자유롭게 쓰게 해주세요

아이들이 자유롭게 쓰는 것을 방해하는 첫 번째 요소가 엄마의 지나친 친절이라고 합니다. 부모님들이라면 누구나 아이들 일기장을 열어보고 싶을 것입니다.

아이에게 먼저 일기를 엄마가 봐도 좋은지 물어봐주세요. 저학년 아이들은 대부분 누군가 일기를 봐주는 것을 더 좋아합니다. 아이 옆에서 일기를 소리 내어 읽어보세요. 이때 주의해야 할 점이 있습니다. 읽다가 맞춤법이 틀린 부분이 나오면 잘 알려주고 싶은 마음에 바로 고쳐주거나 수정하게 하는 행동입니다. 고학년 아이라면 맞춤법이 중요할 수 있습니다. 하지만 저학년의 경우는 다릅니다.

참고할 만한 예를 들어보겠습니다. '하교에 갔다.'라고 받침을 빠뜨리고 쓴 경우입니다. 아이에게 바로 고치라고 하거나 부모가 직접 고쳐주는 것보다는 '학교에 갔다.'라고 쓰고 싶었구나! 하고 바르게 바꿔서 읽어주기만 해도 아이는 위축되지 않고 계속 일기를 즐겁게 쓸 것입니다. 1학년 때가 아니라도 맞춤법을 개선할 기회는 많습니다.

말로 쓰기도 좋은 방법입니다

말로 쓰기란 아이가 말로 문장을 말하면 엄마가 글로 써주는 겁니다. 1학년 여름방학을 앞두게 되면 대부분의 아이들이 어느 정도 한글을 쓸 수 있게 됩니다. 한글을 쓰는 것이 아직 어려운 아이들도 말로 문장은 잘 만듭니다.

아이에게 쓰고 싶은 내용을 말해보라고 해주세요. 그런 다음 엄마가 그것을 글로 받아 적는 것입니다. 맞벌이나 집안일로 바쁜 경우엔 스마트폰을 활용할 수 있습니다. 전화나 영상통화로 녹음이나 녹화를 하고 엄마는 문자 메세지로 아이에게 다시 보내는 방법도 있습니다.

※ 사.자.교육(사람다움 자녀교육) 핵심 노트

일기 쓰기는 1학년부터 배웁니다. 먼저 많이 보여주세요. 엄마, 아빠의 일기나 국어 교과서, SNS 게시물 등을 활용할 수 있습니다. 아이가 아직 한글 쓰기를 어려워한다면 말로 쓰게 하는 방법도 있습니다. 일기 쓰기에 부담 없이 쉽게 접근할 수 있게 자유롭게 쓰게 해주세요.

3장

초등학교에서 가장 중요한 중학년 시기

Q27.

초등학교에서 가장 중요한 학년이 3학년?

초등 1~2학년은 저학년, 3~4학년은 중학년, 5~6학년은 고학년으로 분류합니다. 분류하는 기준으로 아이들의 신체적, 인지적 발달 단계도 있지만 수업 시수나 교과목의 숫자 등 공부량과 공부 방법에도 변화가 있기 때문입니다. 3학년은 수업 시수와 교과가 갑자기 늘어나는 첫 번째 시기입니다.

늘어나는 과목 숫자

1~2학년에서는 국어, 수학, 안전한 생활, 봄, 여름, 가을, 겨울 등의 통합교과 총 4개의 교과목이 있었습니다. 3학년이 되면 안전한 생활, 통합교과는 사라지는 대신 사회, 과학, 도덕, 체육, 미술, 음악, 영어가 생겨나면서 기존 국어, 수학을 포함해 총 9개의 교과목을 배우게 됩니다.

늦어지는 하교 시간

교과목이 늘어나고 수업 시수가 많아지면서 아이들이 학교에 있는 시간도 늘어납니다. 5교시의 경우 1시에서 2시 사이, 6교시를 할 땐 2시에서 3시 사이에 하교하게 됩니다. 아이들이 느끼기에는 2학년에 비해 교과목도 늘어났는데 집에 가는 시간도 늦어지니 3학년 초기에는 심리적으로 더 힘들다고 느낄 수 있습니다.

3학년을 준비하는 꿀팁 모음

3학년 국어 교과서는 1, 2학년에 비해 한 페이지당 글자의 양이 매우 많아집니다. 그래서 우선순위로 점검해야 할 부분은 아이가 교과서에 실린 긴 글을 잘 읽고 이해하는지 입니다. 만약 아이가 글을 읽고 이해하는 것에 어려움이 있다면 아이 손을 잡고 시간을 내어 도서관이나 서점에 가주세요. 아이가 읽고 싶어 하는 책을 하나 고르고 아이와 함께 읽으면서 중간중간 질문을 통해 글을 이해하며 읽는 연습을 하면 좋습니다.

3학년 수학의 특징은 2학년 때 배운 곱셈구구를 바탕으로 연산이 많이 늘어난다는 것입니다. 그리고 수학이라는 과목의 특성상 계열성이 매우 중요해서 앞에 학년에서 배운 것을 잘 모르거나 이해하지 못하면 다음 단원이나 다음 학년에서 배우는 내용을 어려워하고 문제가 될 가능성이 높습니다.

특히 3학년 초반 수학을 어려워하는 아이들의 공통점은 구구단을 잘 외우지 못해 어려움이 있는 경우가 많습니다. 수학의 경우 2학년에서 3학년 올라가는 겨울방학이나 3월 초에 구구단 복습과 사칙 연산 공부에 집중하는 것이 효과적입니다.

영어는 3학년 때 처음 배우게 됩니다. 그런데 대부분의 아이들은 미리 영어 학원에 다녔거나 다른 여러 경로를 통해서 영어를 많이 접합니다. 아이들마다 수준 차이가 가장 큰 과목이 영어이기도 합니다. 영어는 보통 일주일에 두 시간을 배웁니다. 영어 교과서는 학교마다 차이는 있지만 배우는 내용은 비슷합니다.

공부 정서를 지키면서 3학년 영어 수업을 준비하려면 아이가 영어에 거부감이 없도록 영어에 대한 노출을 자주 해주셔야 합니다. 부모님들이 어릴 때만 하더라도 영어 공부 자료들은 구하기 어렵고 구하더라도 독학하기가 어려웠습니다. 그런데 요새는 2~30년 전과는 다르게 오히려 너무나 자료가 많아서 무엇을 선택해서 공부할지가 고민이 되는 시대가 되었습니다. 아이 영어 공부에 관심이 많은 부모님들께서는 아이들이 관심있게 보았던 만화 캐릭터가 나오는 영화나 드라마의 영어 버전, 영어로 된 디즈니 애니메이션, 영어 단어가 적혀 있는 보드 게임 등으로 시작해 보세요. 아이가 영어에 거부감이 없어지고 즐거워하기 시작하면 차츰 알파벳이나 영어 노래, 영어 단어, 문장, 회화, 읽기 말하기 쓰기 등으로 확장해나가면 됩니다. 영어는 첫째도 즐거운 노출, 둘째도 즐거운 노출이 중요합니다.

사회, 과학 과목의 경우 봄, 여름 등의 통합교과에서 배웠던 것들이 좀

더 체계적이고 구체적으로 과목으로 분화되어 본격적으로 배우게 됩니다. 과학은 실험을 하고 실험한 내용을 정리합니다. 실험하기 어려운 주제는 다양한 자료를 통해 간접적으로 체험을 합니다, 사회는 3학년 사회 첫 단원이 우리 고장에 대해 알아보는 내용인데 체험학습, 자료 조사, 독서 등을 통해 직접적 또는 간접적으로 배웁니다.

사회나 과학 과목은 10명 중 8명이 문제집 풀이만으로 공부합니다. 아이들은 문제집을 풀면서 교과서 내용을 암기하게 됩니다. 물론 달달 암기를 잘하면 학습지나 문제집은 잘 풀려요. 그런데 이렇게 문제 풀이를 통한 단어나 단편 지식 암기에 초점을 맞추게 되면 나중에 중학교 고등학교에 가서 다시 공부해야 합니다. 처음에는 좀 오래 걸리더라도 원리를 이해하고 과정을 하나하나 짚어보면서 사고하는 연습을 하는 것이 좋습니다.

저학년 때는 만들고 그림 그리고 만져보는 등 직관적이고 체험적인 활동이 많았다면 3학년부터는 더 복잡하고 추상적인 사고를 하기 위한 준비를 합니다. 직접 만져보거나 만들어보지 않더라도 머릿속으로 떠올리고 추상적으로 이해할 수 있도록 하는 것이 목표입니다. 3학년 때 추상적이고 논리적인 사고를 하기 위한 준비를 하지 않으면 이후 학년이 올라갈수록 어려움을 겪게 될 것입니다. 사고력과 문제 해결력을 키우기 위한 방법은 1장 Q4. 미래 역량 부분을 참고하면 됩니다.

3학년, 스스로 정리하고 써보는 공부 습관의 기초를 다질 적기

초등학교에서 3학년이 가장 중요하다고 하는 이유는 영어, 사회, 과학 등 교과목이 늘어난다는 점과 사고력을 요구하는 교과서 내용이 등장한다는 점 때문입니다. 하나 더 추가하자면 3학년은 공부 습관의 기초를 다지기 가장 좋은 때라는 점입니다.

교과 지식과 관련 도서를 읽고 스스로 정리하고 써보게 하세요. 예를 들면 동물에 대해 배운다면 도서관이나 서점에 가서 동물에 관련된 도서 목록 중 아이가 읽기 쉽고 초등학생용으로 가독성이 좋은 책들을 골라서 읽어보라고 합니다. 많은 책이 있을 거예요. 부모님이 읽기 쉬운 책들을 조사하시거나 추리신 후에 아이가 직접 고른 책을 읽고 공책을 하나 사서 정리하게 합니다.

아니면 A4용지나 백지에 그림을 그려가면서 정리하는 것도 좋습니다. 스스로 궁금한 점들에 대해 찾아보고 정리하고 써보는 과정을 통해서 사고력과 문제 해결력, 논리력 등이 향상됩니다. 처음에는 이렇게 스스로 궁금한 것들을 찾아보고 정리하는 과정이 힘들 수도 있어요. 3학년부터 연습하면 고학년이 되어서도 큰 도움이 될 것입니다. 연습이 완벽함을 만듭니다.

※ 사.자.교육(사람다움 자녀교육) 핵심 노트

3학년은 영어, 사회, 과학 등 교과목이 늘어난다는 점과 사고력을 요구하는 교과서 내용이 등장한다는 점에서 초등학교 과정에서 정말 중요한 시기입니다. 또한 공부 습관의 기초를 다지기 가장 좋은 때입니다.

Q28.

친구랑 싸우고 온 아이, 어떻게 하면 좋을까?

초등학교, 중학교, 고등학교 12년 동안 친구와 한 번도 갈등이 있거나 다투지 않았다? 그러면 둘 중 하나라고 봅니다. 진짜 천사거나 로봇인 경우입니다. 특히 3학년쯤 되면 1, 2학년에 비해 또래 집단을 더 중요하게 생각하는 시기이므로 아이들끼리 지내다가 사소한 일로 충돌이 있기도 합니다. 학교에서 아이끼리 다툼이 있었을 때 어떻게 지도하면 좋을지 고민이 되실 것입니다.

객관적인 사실을 파악해주세요

아이가 집에 와서 울면서 누가 때렸다고 한다면? 화도 나고 속도 상하겠죠. 순간의 화나는 기분으로 인해 자칫 감정적으로 행동할 수도 있습니다. 당장 때린 아이, 상처를 준 아이를 찾아가서 혼내거나 그 아이 부모에게 전화하는 부모도 있었습니다. 이 경우 아이 싸움이 어른 싸움으로 번져서 더 큰 피해가 있거나 상처를 받은 아이가 오히려 가해자처럼 몰리는 경우도 있었습니다.

이런 경우 흥분을 가라앉히고 이성적으로 행동해야 합니다. 드라마 〈모범택시〉, 〈하이클래스〉, 〈스카이캐슬〉 등등 학교를 다룬 드라마나 드라마 속 에피소드를 아실 겁니다. 상처받거나 피해 받은 아이들을 위해 보호자가 이성적으로 잘 대처해서 문제를 해결하고 상황을 옳은 방향으로 해결하는 장면이 있습니다. 실제 상황도 드라마와 다르지 않습니다.

육하원칙에 의거해서 아이에게 먼저 질문해주세요. 누가, 언제, 어디서, 무엇을, 어떻게, 왜 그랬는지 기록하는 것도 도움이 될 수 있습니다. 아이들 특성상 주관적이고 혼동할 수 있기 때문입니다. 아이가 잘 대답을 못하는 부분은 시간을 두고 묻거나 비워도 됩니다.

담임 선생님께도 꼭 연락해주세요. 연락은 두 가지 효과가 있습니다. 첫째로는 담임 선생님께 객관적인 사실을 전달받는 효과, 둘째로는 우리 아이의 사정과 상황을 알리는 효과입니다. 담임 선생님들께서는 아이들이 다투었다고 하면 두 아이를 따로 따로 불러서 객관적으로 사실을 물어볼 것입니다. 그리고 주변에 있던 아이들에게도 물어보고 상황을 종합적으로 인지하고 판단하게 됩니다. 담임 선생님과 소통하는 과정에서 내 아이에게는 들을 수 없었던 내 아이의 잘못도 파악할 수 있습니다.

자초지종을 파악했다면 아이의 상한 마음을 달래고 위로해주세요. 어린 나이의 아이들일수록 주양육자의 영향력이 큽니다. 이렇게 말해보세요.

"네가 너무 속상하고 아팠겠다. 엄마도 참 속상하다."

"그 친구의 그런 행동은 잘못된 행동이다. 엄마는 그래도 이런 일을 겪고 나서도 씩씩하게 엄마에게 전해준 네가 대견하다."

"친구의 행동은 잘못이지만 그 친구도 이번에 잘 알게 되면 다른 사람을 아프게 하는 행동은 안 할 거다."

"이런저런 부분은 잘못된 행동이다. 이렇게 저렇게 하면 더 나은 말과 행동이다. 친구도 그렇고 너도 그렇고 행동을 잘못한 거지 사람 자체가 나쁜 건 아니다. 둘 다 이번 일로 더 나은 말과 행동을 배운다면 좋은 경험이 될 거다."

친구와의 매듭은 학교에서 짓도록 해주세요

아이들끼리 사과를 주고받거나 화해를 하는 일은 담임 선생님을 통해 학교에서 이루어지는 것이 좋습니다. 대부분 아이들끼리의 사소한 다툼은 학급 공동체 안에서 해결이 되는 경우가 많습니다. 오히려 비온 뒤 땅이 굳듯이 아이들도 교우 관계에서 갈등을 해결하는 능력이 더 성장해서 좋은 교우 관계를 잘 맺는 아이들로 성장할 수 있을 것입니다.

※ 사.자.교육(사람다움 자녀교육) 핵심 노트

3~4학년 시기는 또래 집단에 대해 더 많은 애착을 갖는 시기입니다. 애착이 큰 만큼 사소한 일로 다투기도 합니다. 특히 아이들끼리 주먹다짐이 있었을 경우 객관적 사실을 파악 후 및 담임 교사와 함께 해결하는 것이 좋습니다. 화해나 사과는 학교에서 하도록 해주세요.

Q29.

공부를 포기했다는 아이, 할 만큼 해준 것 같다면?

아이들에게 가장 중요한 것은 건강한 정서입니다. 정서는 정신과 마음의 건강 상태를 뜻합니다. 공부와 관련된 공부 정서, 관계와 관련된 관계 정서, 놀이와 관련된 놀이 정서 등이 있습니다.

공부 정서란 뇌가 인지 작용을 하기 위해 정서라는 강물 위에 떠 있는 것에 비유할 수 있습니다. 그래서 아이의 마음 상태, 정서가 요동치거나 오염이 되면 제대로 공부를 할 수가 없게 됩니다. 3학년 공부가 어려워진다길래 미리 방학 때부터 책을 하루에 몇 권씩 읽어주고 문제집도 풀게 하고 구몬 학습 지도 시키는데 아이가 공부하는 것을 싫어한다, 공부를 포기했다, 엄마의 노력과는 반대로 아직 한글 쓰는 것도 어려워한다는 등의 고민을 털어놓는 분들이 있습니다. 아이에게 잘못이 있는 것일까요?

부모님이 먼저 보여주세요

아이들이 공부하기 싫어하거나 공부를 포기했다면 '우리 아이는 왜 이럴까?' 하고 아이들에게 문제를 찾기도 합니다. 그런데 수많은 교육 이론이나 연구 결과를 살펴보면 공통적으로 하는 말이 '부모가 변해야 아이가 변한다'입니다. 물론 이런 종류의 어려움을 겪고 계신 부모님들은 심적으로 많이 힘들 수 있습니다. '내가 얼마나 열심히 가족을 위해 희생하는데 우리 아이의 문제가 나 때문이라고?' 하실 수 있어요. 하지만 아이를 진정 위한다면 조금만 더 여력을 쏟아서 공부도 하고 변해야 합니다. 아이의 공부 문제와 양육은 동전의 양면과 같습니다. 아이 공부 때문에 아이와 계속 대립한다면 결국 아이를 양육하는 것에도 문제가 생길 것이기 때문입니다. 양육 시기가 지나면 아이와의 관계만 남습니다. 아이가 저학년 때 양육을 잘하지 못해 나중에 사춘기가 왔을 때 매일매일 전쟁을 치르는 경우도 보았습니다. 그 정도가 되면 돌이키기 어려워집니다. 부모님이 먼저 아이 양육을 위해, 또 교육을 위해 공부해주세요.

직장 생활이 쉽지 않고 집안일까지 하려니 힘드실 수 있어요. 하지만 엄마가 먼저 아이 옆에서 책을 읽거나 공부하는 모습을 보여주면 아이도 옆에 와서 "엄마, 무슨 책 읽어?" 하고 묻습니다. 그러면 읽고 있는 책 내용도 설명해주고 책과 관련 없더라도 이런저런 이야기들이 물꼬를 트면 아이들이 책을 읽어달라고 하거나 자기도 책을 읽겠다고 할 것입니다. 물론 아이가 그러지 않더라도 책을 읽고 공부하는 부모님의 모습을 보여주는 것 자체가 매우 중요합니다. 확실한 것은 아이들은 부모의 등을 보고 자란다는 것입니다.

아이와 좋은 관계를 맺으세요

아이가 공부를 좋아하려면 아이가 엄마를 먼저 좋아해야 합니다. 관계는 상호적입니다. 당연히 엄마도 아이를 마음에 들어 해야 하겠죠? 서로가 서로를 긍정적으로 인식해야 한다는 말입니다. 하지만 아이 키우면서 대부분의 부모들은 아이들과 하루에 10번 이상 감정적으로 부딪힐 때가 많습니다. 물론 완벽한 부모는 세상에 없습니다. 아이와 5번 중에 1번 싸우고 안 좋은 감정이 들었다면 좋을 때가 4번 이상 되어야 할 것입니다.

학부모 상담을 하다 보면 "우리 애 스마트폰 좀 못 하게 해주세요.", "우리 애 나쁜 습관 좀 고치게 해주세요.", "말을 너무 안 들어요." 등등 자기 아이를 탐탁치 않게 말하는 경우가 있습니다. 물론 아이를 너무 사랑하지만 가까운 관계일수록 상처가 남을 수 있지요. 하지만 엄마나 아빠가 평소 집에서 이런 식으로 아이를 대하면 아이들은 자신감이 떨어지고 성취욕도 사라지게 되는 경우를 많이 봤습니다. 엄마가 나를 안 믿어주고 부모님과 관계가 안 좋으면 아이들은 공부하고 싶은 마음이 생기지 않게 되는 경우가 많아요. '나는 우리 아이만 생각하면 너무 좋아!'까지는 아니더라도 '나는 우리 아이 믿어!', '우리 애는 잘할 수 있을 거야!' '괜찮아, 성장하는 과정이야!' 등 아이와 관계가 좋아야 아이가 공부도 좋아할 수 있을 것입니다.

공부의 기본은 읽기와 쓰기입니다

공부 정서가 길러지고 엄마와 좋은 관계가 형성되었다면 가장 먼저 책상 앞에서 해야 할 것이 바로 읽기와 쓰기입니다. 단, 전제 조건은 결과물에 절대 집착하지 않기입니다. 부모가 아이의 공부 결과물에 집착하지 않아야 할 이유는 앞에 말씀드린 공부 정서 때문입니다. 아이들을 어른 시선과 기준으로 평가한다면 당연히 어설프고 부족한 부분이 있겠죠? 오늘도 시험 보느라 고생했다, 노력한 것 알고 있다, 대견하다 이런 식으로 격려해 주고 칭찬해주세요.

아이와 소통하고 질문하면서 함께 책을 읽어주세요

읽기 능력을 길러주기 위한 가장 좋은 방법이 있습니다. 아이와 책을 함께 읽는 것입니다. 아이 옆에 앉아서 함께 책을 펼치세요. 부모님은 소리 내어 읽고 아이는 눈으로 따라 읽으며 귀로 듣습니다. 중간중간에 아이가 잘 이해하고 있는지 소통을 해주세요. 아이에게 책 내용을 질문해도 좋고 반대로 아이에게 궁금한 점을 질문하게 해도 좋습니다.

과유불급이라는 말이 있습니다. 아이가 잘 읽고 책을 좋아한다고 해서 과하게 책 읽기를 강요하게 되면 아이에게 역효과가 있게 됩니다. 이런 아이들은 대부분 읽어야 할 거리는 많고 빨리 끝내고 놀고 싶은 마음에 책을 중간에 덮어버립니다. 이해하면서 읽기보다는 그냥 문자만 주루룩 읽고 책을 다 읽었다고 하는 것이죠. 아이와 소통하고 질문하면서 함께 책을 읽어주세요.

글쓰기, 성공하는 아이들이 미래에 꼭 갖추어야 할 능력

쓰기는 자기주도적인 학습 방법 중 가장 중요하고 효과적인 방법입니다. 책을 아무리 많이 읽고 많은 정보를 이해했어도 그것을 융합해서 내 것으로 만들어서 밖으로 표현하지 못하면 시간이 지나 다 잊게 됩니다. 이해한 것을 표현하는 능력 중 특히 문자로 쓰는 글쓰기 능력은 굉장히 중요합니다. 그런데 쓰기가 아무리 효과적이고 중요하다고 해서 저학년 아이들에게 무작정 글을 한편 써내라고 한다면 제대로 쓸 수 있을까요? 없습니다.

저학년일수록 글쓰기 자체의 즐거움에 초점을 맞춰야 합니다. 가장 좋은 방법은 하루에 한 단어씩 사용해서 함께 쓰기입니다. 먼저 아이랑 함께 예쁜 공책을 하나 사보세요. 그리고 매일 아이와 함께 글쓰기를 해주세요.

예를 들면 '재미'라는 단어가 오늘의 단어입니다. 오늘의 단어는 부모님이 직접 정하셔도 좋고 그날 이슈가 되는 뉴스 주제나 갑자기 떠오르는 낱말도 좋습니다. 다음 단계는 '재미'라는 단어를 넣어서 글을 쓰는 것입니다. 분량은 처음에는 한 문장으로 정하고 시작해도 되는데 아이가 크게 부담을 느끼지 않는다면 분량에 상관없이 해도 좋습니다.

먼저 엄마가 시작합니다. 아이와 함께 사 온 예쁜 공책을 펼치고 적습니다. "나는 오늘 딸이랑 마트에 가서 너무 재미있었다. 우리 딸도 엄마처럼 재미있었을까?"

이번에는 아이가 씁니다. "나도 오늘 엄마랑 마트에 가서 재미있었다. 다음에 또 가고 싶다." 이런 식으로 서로의 문장을 참고해서 한 문장 이상 쓰는 연습을 매일 하게 되면 처음에는 한 문장, 나중에는 그 이상 글을 쓰는 것에 흥미가 생기고 익숙해질 것입니다. 아이와 처음 글쓰기 연습을 할 때는 주어가 무엇인지, 목적어는 어떻게 써야 하는지 등 문장 호응이나 문법이 맞지 않을 수 있습니다. 주의할 점은 문법이나 어법을 지적하기보다는 엄마의 문장을 통해 자연스럽게 익히고 또 만약 실수한 부분이 있다고 하더라도 엄마가 밑에다가 잘된 문장으로 한 번 더 반복해서 적어주는 것만으로도 충분합니다.

※ 사.자.교육(사람다움 자녀교육) 핵심 노트

3학년이 되면 공부가 어려워져 포기하는 아이들이 생깁니다. 먼저 아이에게 책 읽는 모습을 보여주세요. 아이가 엄마를 좋아해야 공부도 좋아집니다. 공부의 기본은 읽기와 쓰기입니다. 아이와 함께 읽고 써주세요. 단, 결과물에 집착하지 않아야 합니다.

Q30.

내 아이가 게임 중독?

해도 되는 게임 vs 하면 안 되는 게임

아이들에게 주말 또는 여가 시간에 무엇을 하고 놀았는지 물어보면 해가 갈수록 하루 종일 게임을 했다는 대답이 많아지고 있습니다. 다가올 AI 시대에는 증강 현실을 통해서 현실의 나의 행동을 온라인 게임에 반영할 수 있다고 합니다. 현실에서 밥을 먹거나 잠을 자면 게임 속 캐릭터도 똑같이 잠을 자고 밥을 먹는 등 1년 365일 게임 세상에 접속해 있는 것이 가능하다는 것입니다. 그렇다고 게임을 무작정 금지하면 될까요?

아이들이 어리다면 못 하게 억압하거나 통제하면 어느 정도는 가능할 수도 있겠습니다. 하지만 아이들이 초등학교 3학년쯤만 되도 부모가 억압하고 못하게 통제할 경우 몰래하거나 반항을 합니다.

잠깐 어린 시절로 돌아가 보겠습니다. 때는 바야흐로 컴퓨터가 286, 386이 보급이 되기 시작할 때였죠. 컴퓨터 게임으로는 페르시아 왕자, 팩맨, 라이온킹, 그리고 삼국지 게임 등이 등장했습니다. 비디오 게임도 있었죠. 철권, 갤러그, 보글보글, 자동차 게임 등등…. 그런데 지금 아이들 하는 게임을 예로 들면 롤, 배그, 피파 등등 그때랑 정말 많이 다릅니다. 앞으로 증강 현실이나 VR을 이용한 게임까지 등장하게 되면 게임과 현실의 구분이 더 어려워져 게임 중독에 빠지는 아이들이 늘어나게 될지도 모릅니다. 게임을 하루 종일 하고 난 다음 허탈함과 패배감을 느껴본 사람이라면 어린아이들은 최대한 늦은 나이에 게임을 접하게 하거나 안 하도록 해야 한다는 생각에 동의할 것입니다. 하지만 현실적으로 게임을 무조건 통제하는 것은 쉽지 않습니다. 그래서 차라리 해도 되는 게임과 하지 말아야 할 게임을 구별하도록 기준을 마련하고자 합니다.

해도 되는 게임

첫 번째, 바로 끝판왕이 존재하는 게임입니다. 일정 시간이 지나면 끝이 나는 게임을 말합니다. 아이들은 스스로 조절하는 능력이 성인에 비해 미숙합니다. 그래서 아이들에게는 일정 시간이나 일정 판수를 채우면 마지막 보스가 등장하고 엔딩이 나오는 게임이 낫습니다.

가족과도 함께할 수 있는 비디오 게임이나 필요할 때만 접속할 수 있는 부분적 온라인 게임, 보드 게임 등을 추천합니다. 부수적인 효과로 가족 간에 유대감도 생길 수 있고 무엇보다 부모님과 자연스럽게 게임 시간 등을 협상할 수가 있습니다. 또 성취감도 생기고 게임에 대한 욕구도 어느 정도 해소가 됩니다. 보드 게임들도 마찬가지입니다. 부루마블, 클루, 그 외 다양한 카드 게임과 주사위 게임 등 대부분의 보드 게임들은 가족이나 친구들과 소통하면서 할 수 있고 일정 시간 또는 일정 판수를 채우면 끝이 납니다. 끝나면 성취감도 느끼면서 현실로 돌아오기 쉬운 게임들이죠.

하면 안 되는 게임

그럼 하면 안 되는 게임은 무엇일까요? 반대로 생각하면 됩니다. 해도 해도 끝이 나지 않는, 무한정 실시간 온라인 게임들입니다. 롤이라는 게임은 아이들도 악마의 게임이라고 합니다. 중독되면 헤어 나오기 힘들기 때문입니다. 물론 게임 속 캐릭터가 있고 끊임없는 레벨업 과정을 통해서 얻는 재미와 성취도 분명 있을 것입니다. 하지만 문제는 끝이 없다는 겁니다. 끝판왕이 없습니다. 이러한 게임들은 컨텐츠를 구매하게 해서 돈을 벌려고 만든 게임들이 대부분입니다. 어른들도 한번 빠지면 헤어나 오기가 힘든데 아이들은 어떨까요? 아이들은 게임 중독을 스스로 조절하거나 끊어내기가 쉽지 않습니다. 그래서 부모가 개입하고 조절해 주어야 하는 것입니다.

아이들에게 보드게임을 하거나 오프라인 게임, 비디오 게임만 하라고 하면 온라인 게임들보다 재미없고 게임에서 만나는 친구들도 있는데 관계에 문제가 생긴다고 대답할 수 있습니다. 하지만 재미와 온라인 관계에만 초점을 맞춘다면 결국 그것이 독이 되어서 아이들의 일상생활을 망치게 될 것입니다. 특히 게임을 오랜 시간 하게 되면 도파민 중독에 걸릴 수 있다고 합니다. 도파민에 과도하게 중독이 되면 뇌 기능에 문제도 생길 수 있습니다. 일상에 어려움이 생기고 과잉 행동장애, 인내력 부족 등 정신적으로 문제가 생길 것입니다.

흥분되는 감정을 억지로 불러일으키거나 기분을 좋게 해주는 술, 담배, 마약 같은 것들은 사회적으로 청소년에게 금지하고 있습니다. 이렇게 중독이 되면 끊기 어려운 것들은 청소년뿐 아니라 성인에게도 금지하거나 건강에 해롭다고 알려주는 것이 일반적입니다. 술이나 담배, 마약처럼 게임을 청소년 금지 항목에 포함시켜야 할지에 대한 여부는 사회적 논쟁거리이기 때문에 언급하지는 않겠습니다. 가정마다 상황이 다르겠지만 부모님이 먼저 아이들에게 해도 되는 게임과 하면 안 되는 게임의 기준을 정해주세요.

게임 중독을 벗어나게 할 수 있는 강력한 대체 활동

게임에 빠져서 엄마와 매일 싸우는 아이가 어느 날 갑자기 게임을 완전히 끊게 된다면? 상상이 가시나요? 그 아이는 게임 대신 도대체 무엇을 하고 있을까요? 아이가 게임 중독을 벗어나고자 한다면 게임이나 유튜브, TV 시청 외에도 몰입할 것이 반드시 있어야 합니다. 없다면 찾도록 아이에게 시간과 여유를 주세요. 아침 활동 시간, 주제 말하기를 하던 어느 날이었습니다. 주제는 자신의 취미 소개하기였어요. 만들기를 좋아하는 아이, 웹툰 보는 아이, 그림이나 만화 그리기를 취미로 하는 아이, 축구, 농구, 배드민턴 같은 운동 좋아하는 아이, 기타나 피아노 같은 악기 좋아하는 아이, 랩 가사를 쓰거나 노래 부르는 것을 취미로 하는 아이 등등 다양한 대답들이 나왔습니다. 물론 게임이라고 대답한 아이들이 많았지만 게임이나 공부를 제외하고 다른 취미들을 종합해보면 예체능 활동으로 정리가 됩니다.

어릴수록 중요한 예체능 교육

중고등학교에 가면 국영수와 같은 주요 과목들의 수업 시간이 늘어납니다. 상대적으로 예체능 과목은 수업 시간이 줄어들게 되죠. 아이들이 취미활동이라고 대답한 축구나 농구 등의 체육활동, 피아노 치기, 그림 그리기, 만들기, 노래 연습하기, 랩 가사 쓰기는 모두 예체능 과목에서 배우는 것들입니다. 그래서 초등학교 시기에 어른이 돼서도 몰입할 수 있고 취미로 즐길 수 있는 것을 많이 배워두어야 합니다. 보통 예체능은 사교육을 통해서만 따로 더 배울 수 있다고 생각하는 부모님들이 많을 것입니다. 하지만 굳이 학원에 보내지 않더라도 간접 경험을 할 수 있는 좋은 방법이 있습니다. 바로 책을 이용하는 것입니다. 요새는 오디오북, 영상 자료 등 책과 함께 딸려오는 부가 자료들도 넘쳐납니다. 아이가 피아노 치는 것을 좋아하면 피아노의 역사, 피아노 악보, 피아노를 주제로 한 영화나 드라마 이야기 등 서점에 가보면 정말 흥미로운 도서들이 많습니다. 인기 웹툰이나 만화책도 좋습니다. 만들기 관련 책, 종이접기 책, 요리 책, 놀이 관련 책, 마술 책, 운동 관련 책, 아이가 로봇을 좋아하면 로봇 책 읽기와 움직이는 로봇 만들기, 프라모델 조립하기 같은 취미 활동을 연계해 주는 것도 좋은 방법입니다. 세계적인 부자가 된 워렌 버핏은 어린 시절 경마 책에 빠져서 책을 구하고자 부모님 직장에 있는 도서관까지 드나들었다고 합니다. 만약 아이가 정말 요리하는 것을 좋아하고 더 배우고자 부모님을 조른다면 학원에 보내보는 것도 좋습니다.

예체능 교육의 적기, 초등학교 시기

예체능 교육은 크게 3가지 장점이 있는데요. 첫 번째는 방금 말씀 드린 것처럼 게임 중독에서 벗어나거나 게임을 하지 않더라도 여가를 잘 즐길 수 있게 된다는 것입니다. 두 번째는 초등시기 예체능 교육을 통해 미술, 음악, 체육 관련 감각과 뇌의 세포를 발달시킬 수 있습니다.

뇌과학자들의 말에 따르면 신경세포의 숫자, 구조, 모양들이 만 7~12세 사이에 다시 태어난다고 할 정도로 굉장히 많이 변화하고 성장한다고 합니다. 놀라운 점은 발달만 하는 것이 아니라 발달 이후 중요하지 않은 세포들은 퇴화하고 중요한 것들만 선택적으로 남는다는 것이죠. 가령 아이가 피아노 치고 노래 부르는 것을 너무나 좋아한다면 아이의 뇌는 음악적 지능과 신경세포들이 발달합니다. 축구나 미술을 좋아하는 경우도 마찬가지입니다. 그렇다면 운동하는 것을 좋아하지 않는 아이의 경우 어차피 잘 쓰지 않는 운동 신경이 퇴화할 것이니까 굳이 체육활동을 필요가 없을까요? 아닙니다. 일단 다양하게 많이 경험해보는 것이 중요합니다. 그래야 좋아하는 것과 싫어하는 것, 잘하는 것과 어려운 것을 구분하기 쉬워집니다. 아이가 스스로 포기하지 않더라도 청소년기가 지나 어른이 되면서 뇌와 신경세포들이 선택과 집중을 하기에 저절로 체육 과목과는 멀어지게 될 것입니다. 물론 운동 신경이나 운동 지능이 퇴화했다고 하더라도 훗날 성인이 되었을 때 운동이 다시 재밌어지게 되고 후천적으로 재능이 뒤늦게 발견된다면 노력으로 얼마든지 운동 신경과 운동 능력을 개발할 수 있을 것입니다.

세 번째는 바른 인성을 길러주는 수단으로 활용할 수 있습니다. 폭풍 같은 시기인 사춘기가 되면 감정 변화가 급격해지고 통제하기도 어려워집니다. 예체능 교육은 이 시기 아이들에게 안정감을 주는 스트레스 해소의 통로가 될 수 있습니다. 체육 교육에서 가장 중요한 것이 특별한 신체 능력이나 운동을 잘하는 기능적 능력일까요? 아닙니다. 체육 교육에서 가장 중요한 것은 스포츠맨십, 바로 스포츠 정신을 배우는 것입니다. 스포츠 정신은 규칙 안에서 공정하게 경쟁하고 승자와 패자가 서로 존중하는 것입니다. 음악 교육도 마찬가지입니다. 악기나 목소리로 자기를 표현하는 것이 목표입니다. 감상자는 공연자를 비방하거나 비난하지 않고 경청하고 공감해주는 태도를 배워야 합니다. 미술 교육도 마찬가지겠죠? 작품을 통해 자신을 표현하고 서로의 작품을 감상하면서 이야기를 나누고 소통하는 것이 매우 중요합니다. 다양한 예체능 과목들을 경험한 아이들은 성인이 되어서도 더 많은 즐거움들을 누리면서 자기 자신을 사랑하고 남도 존중할 줄 아는 멋진 어른들로 자랄 것입니다.

※ 사.자.교육(사람다움 자녀교육) 핵심 노트

코로나 이후 아이들의 게임 중독 현상이 늘어났습니다. 중독이 될 수 있는 것들은 교육해야 하며 기준을 잘 알려주어야 합니다. 해도 되는 게임은 끝이 있는 게임, 보드 게임, 가족용 비디오 게임 등입니다. 게임 중독을 막기 위한 강력한 수단으로 예체능 교육이 있습니다.

Q31.

4학년을 앞둔 아이, 신경 써야 할 부분이 있다면?

1~2학년에서는 구체적이고 직관적이고 직접적으로 체험하는 방식으로 교육이 이루어집니다. 그런데 학년이 올라갈수록 점점 추상적이고 간접적인 체험, 즉 눈으로 보거나 만지지 않더라도 머릿속으로 떠올리고 생각하는 학습 과정이 늘어나게 됩니다. 그래서 이 과도기를 잘 적응하지 못하면 아이들이 공부를 어려워하게 되고 공부 정서가 망가지게 되는 것입니다.

예를 들면 수학에서는 만 단위부터 시작해서 더 큰 수들, 백만, 천만, 억, 조 이상까지 배우게 되고 분수와 소수도 더 어려워지고 계산도 더 이상 손가락으로 할 수 없을 정도로 어려워집니다. 국어도 마찬가지입니다. 단순히 한 두 문장 쓰기에서 벗어나서 주장과 근거 쓰기, 상상해서 쓰기, 비교와 대조해서 쓰기 등등 점점 생각을 곰곰이 해야 쓸 수 있는 과정이 많아집니다.

4학년, 아이만의 좋은 습관을 굳혀야 할 때

4학년 때 알아야 할 좋은 습관에는 독서 습관, 공부 습관, 생활 습관이 있습니다. 사실 독서나 공부나 아이들이 책상 앞에 앉아서 해야 한다는 점에서는 비슷합니다. 다른 점은 독서를 통한 공부는 학교에서 배우는 공부를 벗어나서 폭넓게 할 수 있다는 것입니다. 독서 습관을 굳히기 위한 구체적인 방법으로는 하루 5분 독서, 하루 3줄 필사하기, 하루 한 쪽 요약하기 등이 있습니다.

공부 습관을 굳히려면 혼자 책상 앞에 앉는 시간부터 확보해야 합니다. 4학년부터는 훈련이 필요합니다. 습관을 굳히기 위해서는 즐겁지 않더라도, 또 처음에는 힘들고 어려운 감정이 들더라도 인내하고 이겨내야 한다는 것입니다. 하루 5분 만이라도 책상 앞에 혼자 앉아서 책가방을 열어보도록 해주세요. 그리고 오늘 무엇을 배웠는지 공책이나 교과서를 펼쳐서 떠올려보는 시간을 갖게 해주세요. 학교에서 어려웠던 부분이나 더 알아보고 싶은 내용을 스스로 찾아서 공부하고 자기 것으로 소화하는 과정을 경험하게 해주세요.

초4, 이런 것이 달라져요

4학년부터 모든 과목이 더 어려워집니다. 어려워지는 이유는 저학년 때처럼 직접적이거나 직관적으로 단번에 답을 파악하기 어려운 경우가 많아서입니다. 뇌를 거치지 않더라도 해결할 수 있는 것들이 줄어들고 곰곰이 생각을 하고 뇌를 여러 번 거쳐야 문제를 해결할 수 있는 것들이 많아진다는 것입니다.

또한 4학년부터는 직관적 사고력을 넘어서 추상적이고 논리적인 사고력을 개발하는 단계입니다. 추상적이고 논리적인 사고력을 개발하려면 좋은 질문을 할 수 있어야 합니다. 좋은 질문을 잘하는 아이들을 연구한 결과에 따르면 이 아이들은 평소에 '왜?'라는 질문을 자주 했다고 합니다. 단순 암기보다는 왜 그렇게 되는 건지, 예를 들면 3 곱하기 4는 왜 12가 되는 것인지 끊임없이 질문하고 연구합니다.

인과를 따지는 질문을 자주 해보는 것도 좋은 질문을 하기 위한 연습이 될 수 있습니다. 인과란 원인과 결과를 말합니다. 단순히 공식만 외워서 답을 내기보다는 과정에 초점을 맞춰서 공부하는 것입니다. 삼각형의 넓이는 직사각형의 반을 구하는 것에서 공식이 만들어졌습니다. 좋은 공부 방법은 삼각형 넓이 공식만 달달 외우는 것이 아니라 '사각형 넓이의 반이니까 밑변 곱하기 높이를 하고 나누기 2를 하는 거구나!' 하고 어떤 이유로 이런 결과가 나왔는지 질문해보고 탐구하는 것입니다.

갑자기 어려워지는 공부 때문에 아이들이 4학년이 되면 공부에 손을 놓는 경우도 많습니다. 하지만 가정에서 몇 가지만 신경을 써준다면 포기하지 않고 좋은 학습 습관과 좋은 질문 습관을 터득할 수 있게 될 것입니다.

※ 사.자.교육(사람다움 자녀교육) 핵심 노트

4학년은 좋은 습관을 굳혀야 할 때입니다. 하루 5분 만이라도 책상 앞에 혼자 앉아서 책가방을 열어보도록 해주세요. 좋은 질문을 잘하는 아이가 탁월한 아이입니다. 좋은 질문을 잘하는 아이들은 단순 암기보다는 '왜?'에 초점을 맞추고 결과보다는 과정에 초점을 맞춥니다.

4장

몸도 마음도 쑥쑥 자라는 초등 고학년 시기

5학년이 되는 아이, 집안에 질풍노도의 기운이 감돈다면?

몸의 변화만큼 달라지는 것

5학년이 되면 수업 시수가 크게 늘어납니다. 4학년까지는 5교시까지 하고 하교하는 날이 있었지만 5학년부터는 대부분 6교시 수업을 마치고 하교합니다. 특히 영어는 3, 4학년 때보다 공부하는 시간이 늘어납니다. 공부 난이도와 내용도 달라집니다. 4학년 때까지는 듣고 말하기 위주였다면 5학년이 되면서 읽고 쓰는 활동이 추가되고 비중도 커집니다. 4학년 때는 만화 형식의 짧은 대화문이었지만 5학년부터는 줄글 형식의 읽기 자료가 많아집니다.

또한 실과라는 과목이 생깁니다. 실과는 음식 만들기, 바느질하기, 가족의 역할 등에 해당하는 가정생활과 목공, 전기, 발명, 로봇 등의 기술의 세계에 대해 배우는 과목입니다.

PAPS(학생 건강 체력 검사)를 실시하게 됩니다. 비만도, 심폐지구력, 유연성, 근력, 순발력 등을 측정하기 위해 오래달리기, 윗몸일으키기, 악력 검사, 제자리 멀리 뛰기 등을 체육 시간이나 창체 시간을 활용해서 테스트합니다.

준비하면 좋아요

5학년부터 영어 공부가 어려워질 것입니다. 아이가 아직 영어 읽기와 쓰기가 서툴다면 가장 좋은 방법은 영어로 된 소설책이나 만화책을 구해서 읽게 하는 것입니다. 해리포터 시리즈나 마블, 디즈니 시리즈를 추천합니다. 한글판과 영어판을 비교하며 읽으면 완독하기 어렵지 않을 겁니다.

교육청이나 지역마다 영어 도서관이 있습니다. 책을 구하기 어렵다면 영어 도서관 회원가입을 하고 무료로 자료를 이용하는 방법을 추천합니다. 또한 EBS 초등 영어 무료 강의도 추천합니다. 5학년의 경우 문법이나 파닉스 강의보다는 지문 분석이나 독해 강의, 회화 강의를 추천합니다. 또는 유튜브에서 팝송이나 만화를 소재로 한 강의 등 쉽고 자신한테 재미있는 자료를 검색해서 공부하도록 해주세요.

PAPS는 방학 기간이나 저녁 식사 후 쉬는 시간을 이용해서 미리 연습해두면 좋습니다. 통과하지 못하면 재시험을 보는데 스트레스를 받거나 마음에 상처를 입을 수 있습니다. 아이가 건강관리도 하고 체력 단련도 할 겸 미리미리 준비하면 일석이조입니다.

국어나 수학 등의 주요 과목도 더 어려워지게 됩니다. 국어는 교과서에 답을 쓰는 분량이 많아집니다. 아이들이 적다가 팔이 아프다고 할 정도로 쓰는 양이 늘어납니다. 6학년 때는 더 늘어나겠죠? 그래서 적어도 5학년부터는 자신의 생각을 차분하게 문장으로 적을 수 있어야 합니다. 한 문장을 잘 적으면 세 문장 이상으로 논리적으로 형식에 맞춰 써보는 연습도 추천합니다.

수학의 경우는 가장 포기자가 많이 생기는 것이 5학년입니다. 약수와 배수, 분모의 통분, 가분수 등 아이들이 직관적으로 이해하기 어렵기 때문입니다. 그래서 수학에 자신이 없거나 수학 공부를 미뤄왔던 학생들은 방학 동안 복습은 물론 약수와 배수, 통분 정도는 미리 예습하는 것을 추천합니다. 수학은 계열성이 매우 중요한 과목이라서 3학년 때 배운 것을 4학년 때 모르면 계속 어렵고 이해하지 못하게 됩니다. 특히 분수, 소수는 아이들이 가장 어려워하는 부분이라서 5학년이 되기 전에 분수, 소수만이라도 완벽하게 이해하도록 해주세요.

5학년은 몸과 마음이 빠르게 성장하는 시기입니다. 흔히 말하는 사춘기가 올 수도 있습니다. 아이들은 급격한 변화로 당황스러울 것입니다. 그래서 부모님의 관심과 노력이 더욱 중요합니다. 이러한 시기는 누구나 겪는 시기이므로 아이가 혼자 해결하거나 감추려고 하지 않고 부모님이나 가족들과 잘 소통할 수 있도록 관심과 노력을 보내주세요. 단, 지나친 관심이 간섭으로 느껴지지 않도록 선을 잘 지켜주셔야 합니다.

이 시기 특성상 아이들은 부모님보다는 또래 친구들과 대화하는 것을 훨씬 좋아하기도 합니다. 그래서 아이가 부모님보다는 친구들을 더 찾는 것을 이해해줘야 합니다. 갈등이 자주 발생하는 문제는 스마트폰 사용입니다. 하루 종일 손에 쥐고 놓지 않는 아이들도 있습니다. 남학생들은 게임, 여학생들은 SNS나 메신저, 단톡방 등등 아이들은 서로 온라인으로 만나고 대화를 많이 합니다. 그래서 강압적으로 압수하거나 훔쳐보는 것보다는 아이들이 자연스럽게 이야기하도록 유도를 해주세요. 그런데 사춘기 아이에게 자연스럽게 유도한다는 것이 말은 쉽지 매우 어려운 문제입니다.

추천하는 방법은 아이와 SNS 친구 맺기, 가족 단톡방을 통해 엄마, 아빠가 먼저 소통하는 모습을 보여주면서 자연스럽게 대화 유도하기, 일주일에 2번 이상 가족끼리 함께 식사하는 자리에서 고민거리나 그날 있었던 일 이야기하기 등입니다. SNS 친구를 맺어도 요새는 선택적으로 공개할 수도 있어서 아이에게 큰 부담이 되지는 않을 것입니다. 물론 가족 단톡방에서 엄마, 아빠만 떠들고 아이들은 가만히 있는 경우도 있습니다. 가족 간 대화를 할 때도 입을 꾹 다물고 있을 때도 있을 것입니다. 하지만 가랑비에 옷이 젖듯이 꾸준히 노력한다면 아이들도 마음을 열게 되고 좋은 방향으로 사춘기를 잘 보내게 될 것입니다.

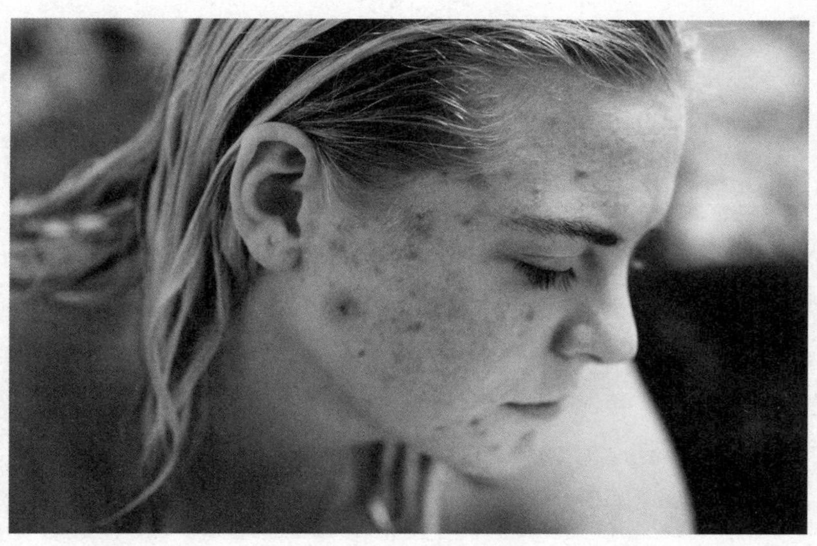

※ 사.자.교육(사람다움 자녀교육) 핵심 노트

5학년은 발달 특성상 몸의 변화가 시작되기도 합니다. 몸의 급변으로 당황스러울 때 부모님이 관심을 갖고 아이를 이해하며 소통과 대화를 많이 해주세요. SNS, 메신저 등을 활용하시면 좋습니다. 수업 시수도 늘어나 공부량이 많아지며 PAPS 등 체력 단련도 필요합니다.

Q33.

초6병이 뭔가요?

6학년, 이런 것들이 달라집니다

이 시기가 되면 아이들의 몸과 마음이 본인들의 의도와는 상관없이 급성장을 합니다. 사춘기가 본격적으로 찾아와서 많이 당황스러워하는 아이들이 생기고 6학년 3월에 찍은 사진과 졸업할 때 찍은 사진을 비교하면 아이와 어른으로 보일 정도로 성장 속도가 빠른 아이들도 있습니다. 그런데 몸은 성장했는데 아직 마음은 몸의 성장 속도를 따라가지 못해서 혼란과 갈등이 생기기도 합니다.

중학교 2학년이 되면 그 누구도 건들지 못할 정도로 반항아가 되는 시기라면서 우스갯소리로 중2병이라고 부르기도 합니다. 이를 응용하여 요새는 '초6병'이라는 단어도 생겼습니다. 6학년은 초등학교 학생들 중에선 최고 어른들입니다. 그래서 천상천하 유아독존처럼 행동하기도 합니다. 그래서 6학년을 부담스러워하는 교사들도 많습니다.

6학년이 되면 교우관계도 극단적인 경우가 많아집니다. 친한 무리들하고는 한없이 친한데 말 한 번 하지 않은 친구들하고는 끝까지 말을 안 하고 지내려고 합니다. 또 여학생들의 경우는 서로 '내 사랑 유미, 최고의 절친 제니' 이러다가도 한번 사소한 일로 싸우면 손절이라고 하죠? 다시는 인사도 안 하는 사이가 되기도 합니다. 그러다가 또 언제 그랬냐는 듯이 서로 화해하고 잘 지내는 경우도 봤습니다.

공부는 5학년에 비해 학습량이 많아지고 어려워집니다. 6학년은 초등학교에서 중학교로 넘어가기 직전 단계입니다. 입시 공부의 본격적인 시작이 중학교 공부부터 시작됩니다. 초등 공부와 중학교 공부는 목표와 성질이 완전히 다릅니다. 예를 들면 초등학교 사회나 과학 시간에는 동기 유발이나 간접 체험을 위해 재미있는 영상이나 영화를 편집해서 보여주기도 합니다.

그런데 중학교, 고등학교에 가면 거의 90퍼센트가 넘는 비중으로 교과서와 공책 필기로 수업이 이루어집니다. 당연히 짧은 수업 시간 동안 스스로 사고하고 소화해야 할 공부량도 많아지고 어려운 용어도 많이 나옵니다. 이 사실을 알게 된 부담감 때문인지 초등학교 6학년 여름방학쯤 되면 몇몇 아이들은 중학교 선행 학습을 시작하기도 합니다.

피하고 싶지만 피할 수 없는 성교육

성교육은 부모에게는 피하고 싶은 주제입니다. 어떻게 접근할지 정말 어려운 문제이기 때문이죠. 하지만 가정에서 부모님이 꼭 다뤄야 할 부분입니다. 요새는 6학년 2학기만 되어도 누구랑 누구랑 커플이라면서 사귀고 헤어지고 하는 일이 생기기도 합니다. 저학년 아이들이 말하는 남자친구, 여자친구와는 다르게 2차 성징이 생기는 시기입니다, 6학년쯤 되면 이성에 대한 관심, 그리고 성적인 변화에 대한 관심도 매우 높아질 수 있습니다. 그래서 아무것도 아닌 일에도 깔깔거리거나 얼굴이 붉어지는 등 성에 대한 감수성이 높고 또 그만큼 잘 알려주어야 잘못 배우거나 왜곡되는 것을 방지할 수 있습니다.

성교육은 아이의 성향마다 접근 방식이 다르고 자료도 각양각색입니다. 물론 학교에서도 보건 시간이나 체육 또는 창체 시간을 이용해서 전체적으로 교육을 실시하고 있습니다. 하지만 전체 교육 특성상 아이들 개개인의 고민이나 궁금한 점들을 모두 고려할 수 없다는 단점이 있습니다. 그래서 가정에서 성교육이 중요합니다. 아이의 특성을 부모보다 잘 아는 사람은 없기 때문입니다.

자신의 몸의 변화와 2차 성징에 대한 부분은 동성끼리 이야기하는 것이 좋습니다. 엄마는 딸, 아빠는 아들이랑 이야기하는 것을 추천합니다. 예전에 다둥이 아빠인 가수 박지헌 씨가 방송에서 아들에게 성교육을 하는 장면이 인상적이었습니다.

예를 들면 아들의 경우 이렇게 말해줄 수 있습니다. 사춘기가 되면 호르몬 때문에 털도 굵어지고 목소리도 굵어진단다. 몽정을 할 수도 있고 이성에 대한 관심도 많아진단다. 이럴 때 어떻게 하면 되더라.

딸의 경우는 이렇게 말해주세요. 아마 어머님들이 잘 알겁니다. 생리를 시작하게 되면 호르몬으로 몸과 감정에 큰 기복이 있는 경우가 있단다. 생리대는 어떻게 사용하면 되는지, 또 이런 변화들이 창피한 것이 아니라 여자로서 자랑스러운 일이며 엄마는 어땠다 등 이런 이야기들은 특별히 책을 보고 공부하는 것보다는 부모님 자신의 경험과 이야기를 들려주는 것이 효과적입니다.

과목별로 준비해야 할 것들

2022 개정 교육 과정에 따르면 앞으로 수능 시험 답안을 차츰 서술형으로 바꾸겠다고 한 만큼 주관식 서술과 논술 쓰기가 더 중요해질 것입니다. 그래서 시간이 걸리고 팔이 아프더라도 자신의 생각을 문장의 호응 관계나 문법과 형식에 맞추어 쓰는 연습을 해야 합니다.

독서 시간도 늘려야 합니다. 사회 교과서에서는 근현대사와 세계 지리를 다룹니다. 세계 여러 나라를 소개하는 책이나 우리나라 근현대사 관련 역사책을 보면 도움이 될 것입니다. 과학은 인체의 신비나 전기에 대한 학습 만화를 통해서 미리 선행 지식을 쌓아둔다면 학교에서 과학 시간에 매우 도움이 될 것입니다.

수학에서 분수와 소수는 아이들이 가장 어려워하는 부분입니다. 또 가장 중요한 부분이기도 합니다. 그래서 1학기 때도 배우고 2학기 때도 배웁니다. 또한 도형도 어려워지는데 1학기 때는 기둥이나 뿔, 2학기 때는 원의 넓이나 쌓기 나무가 등장합니다. 전개도를 그리고 머릿속으로 입체도형을 떠올리기 어려운 학생들은 5학년 겨울방학을 이용해서 도형에 대한 공간 감각을 미리 길러두면 좋습니다.

성교육과 양대 산맥을 이루는 SNS 사용 교육

이 시기의 아이들은 또래 집단, 즉 같이 어울리는 친구들이 매우 중요합니다. 가끔 글쓰기 공책을 보면 친구들하고 주말에 약속이 있었는데 부모님이 갑자기 가족끼리 나가자고 하는 바람에 곤란했다는 내용이 있기도 합니다. 그만큼 가족과의 시간보다는 친구들과 어울리는 것을 더 선호하는 경우가 많아집니다.

따라서 우리 아이의 친한 친구는 누구인지 어떤 친구들하고 잘 노는지 등은 파악해 두어야 합니다. 일거수일투족을 감시하거나 참견할 수는 없습니다. 아이의 교우 관계를 파악하는 방법 중 하나는 평소에 친한 친구들을 집에 초대하거나 아이와 대화를 통해서 친구들에 대해 알아두는 것입니다. 아이들끼리 사소한 다툼이 생기거나 급하게 연락해야 하는데 연락이 안 될 때가 있습니다. 아이의 친구와 알고 지내거나 친한 친구의 연락처를 알고 있다면 급한 상황에서 매우 유용할 수 있고 또 아이의 친구 고민을 함께 나누고 대화할 때 더 잘 공감할 수 있다는 점에서 매우 유용합니다.

SNS 공간은 친구 관계의 연장선입니다. 어떻게 사용해야 하는지 알려주는 것이 매우 중요합니다. 6학년쯤 되면 외모에 관심도 많아지고 타인에게 보이는 것에 신경을 많이 쓰게 됩니다. 요즘 아이들은 틱톡이나 인스타그램 등 SNS를 아주 많이 사용합니다. 그래서 좋아요 갯수나 다른 사람들에게 예뻐 보이는 것에 민감하게 반응하게 되고 또 상대적 박탈감도 자주 느낄 수 있습니다. 그렇다고 틱톡이나 SNS를 강압적으로 하지 말라고 하는 것은 반발심만 불러일으킬 수 있으며 교우 관계에 문제가 생길 수 있습니다. 강압적으로 금지하는 것은 교육적이지도 않습니다.

아이들이 SNS를 잘 활용하게 하려면 첫째는 SNS에서의 예절 교육, 특히 댓글 하나하나, 말 한마디 한마디가 기록으로 남게 되므로 조심해야 한다는 것을 알려주어야 합니다. 실제로 학교 폭력 사안들을 살펴보면 사소한 것들이 문제가 됩니다. 아이들이 SNS상에서 쓴 댓글이나 대화 글들이 기록으로 남기 때문에 작은 말실수 하나가 큰 상처나 후회로 남을 수 있다는 점을 꼭 알려주어야 합니다.

그리고 SNS에서의 관계보다 현실에서의 친구 관계에 더 집중하는 것이 가치가 있음을 알려주어야 합니다. 물론 적당한 SNS 활용은 아이들의 사회성을 기르는 것에는 도움이 될 수 있겠죠. 그런데 지나치게 중독이 되어 불특정 다수에게 너무 잘 보이려고 지나친 과장을 하거나 다른 사람과 자신을 비교하다 보면 자존감이 떨어지게 됩니다. 남보다는 어제의 나 자신과 비교하며 더 좋은 사람이 되려고 노력한다거나 주변 가까운 사람과의 관계를 잘 가꾸려고 노력하는 등 SNS에서의 관계에 초연할 수 있도록 아이의 건강한 자존감을 위해 부모님의 관심과 도움이 필요합니다.

※ 사.자.교육(사람다움 자녀교육) 핵심 노트

6학년에게 성교육과 SNS 사용 교육은 필수입니다. 성교육은 아이의 성향마다 접근 방식이 다르고 자료도 각양각색이므로 가정에서 아이 특성에 따라 동성(엄마와 딸, 아빠와 아들)끼리 이루어지는 것이 좋습니다. SNS 사용 교육은 온라인 에티켓을 알려주고 숫자에 초연하도록 부모님의 관심과 격려로 건강한 자존감을 심어주세요.

Q34.

공부랑 담쌓은 우리 아이,
공부하게 만드는 비법?

공부하기 싫어하는 아이를 억지로 공부하게 만드는 방법은 없습니다. 아이들은 컴퓨터 기계가 아니기 때문이죠. 하지만 뭐부터 해야 할지 모르겠고 접근하기 어려운 감정을 쉽게 해주기 위한 이야기는 있습니다. 많은 부모들이 "우리 아이가 공부를 좀 했으면 좋겠어요." 하고 하소연합니다.

자신을 아낄 줄 아는 아이가 공부도 잘할 수 있어요

공부는 양의 문제가 아닌 질의 문제입니다

많은 부모들이 새 학기가 되면 꼭 하는 일 중 하나가 문제집을 사주는 것입니다. 가뜩이나 공부하기 싫은데 책상 위에 잔뜩 올려진 문제집을 보면 아이가 무슨 생각을 할까요? 문제를 많이 푸는 것은 시간이 남아돌거나 이미 100점에 가까운 점수를 받을 아이들이 컨디션 조절을 할 때나 쓰는 방법입니다. 공부가 싫은 하위권, 혹은 중하위권 학생들에게는 수북하게 쌓인 문제집들은 아이로 하여금 공부에 정이 뚝 떨어지게 만들 것입니다. 굳이 문제집을 사준다면 처음에는 가장 쉬운 교재를 딱 한 권만 사주세요. 하루에 한 문제씩만 풀어도 좋습니다. 틀린 문제, 어려운 문제를 조금씩만 변형해가며 완벽해질 때까지 차근차근 반복해서 계속 풀어보도록 해보세요. 하나를 터득했으면 곧바로 다음 단계로 넘어가도록 하는 것이 가장 효율적인 공부법입니다.

이해가 암기보다 훨씬 중요합니다

중학교 때까진 공식을 외우고 풀이법을 외우면 원리를 이해하지 않더라도 어느 정도 성적이 나옵니다. 그런데 고등학교에 가면 암기만으로는 모든 문제를 다 풀어내기 어려워집니다. 그래서 처음에는 좀 시간이 들더라도 충분히 배경지식을 쌓거나 원리를 이해하는 데 시간을 쏟아야 하는 것입니다. '친구들은 벌써 다음 단원 나가는데 나만 동떨어지는 것 아닌가?' 하고 암기식으로 공식만 외워서 풀게 되면 나중에 공부 습관을 바로잡기 어려워집니다.

스마트폰 게임이나 온라인 게임을 통제하고 운동하게 하세요

운동을 하면 일단 엔돌핀이 돌아서 기분이 좋아집니다. 그리고 몸도 건강해지고 자신감이 생깁니다. 특히 청소년기에는 아이들이 외모에 예민해질 수 있는 시기입니다. 운동을 통해 예민함을 잘 달래주고 또 자신감을 얻는 것이 중요합니다. 꼭 외모에 억지로 신경을 많이 쓰라는 말은 아닙니다. 운동을 통해 건강해지면 외모는 자연스럽게 가꿔집니다. 가족이나 친구들과 대화를 자주하고 소속감과 애정을 느끼는 것도 좋습니다. 이런 것들이 결국 본인의 자존감을 높여줍니다. 그리고 자존감이 높은 상태에서 공부를 하면 끈기도 더 생기고 공부 스트레스도 잘 이겨낼 수 있을 것입니다.

공부는 좋은 습관입니다

습관은 싫든지 좋든지 내 감정과 관계없이 그 행동을 지속하는 경향입니다. 대한민국에서 일반적으로 중학교 3년, 고등학교 3년을 보내고 대학에 입학하고 또 취업을 하고자 한다면 초등학교 때 반드시 해야 할 일은 바로 좋은 습관을 만드는 것입니다. 공부 습관도 좋은 습관 중 하나입니다. 아이가 하루에 10분 만이라도 책상 앞에 앉아서 "오늘 뭐 배웠지? 공책 한번 펴볼까?" 하는 시간을 만들도록 독려해보세요.

그날그날 배운 내용을 정리하고 머릿속에 떠올리게 하세요. 1분이라도 복습하는 습관이 중요합니다. 복습하면서 모르거나 이해가 안 되는 부분은 체크를 해놓고 스스로 찾아보게 하세요. 공부는 감정만으로 하는 것이 아니라 결국은 습관으로 하게 됩니다. 공부가 아니라도 혼자 무엇이든 해보게 해주세요. 어릴 때 이런 습관을 잘 들여놓으면 중학교, 고등학교에 가서도 차츰 공부에 큰 자신감을 갖게 될 것입니다. 특히 공부는 학생이라면 자신을 아끼고 사랑하는 여러 가지 방법 중 가장 편하고 쉬운 방법입니다.

※ 사.자.교육(사람다움 자녀교육) 핵심 노트

공부를 포기했었나요? 아직 초등학생이라면 기회는 많습니다. 먼저 아이가 스마트폰 게임을 통제하고 운동을 하도록 해주세요. 초등학생 때는 좋은 습관을 기르면 성공입니다. 공부는 좋은 습관 중에 학생에게 가장 도움이 되는 습관입니다. 하루 한 문제만이라도 풀게 하세요.

Q35.

중학교 진학을 앞둔 아이, 선행 학습은 모두 독인가요?

개인마다 다릅니다. 특히 수학, 영어 과목은 예외를 둘 수 있습니다. 물론 아이가 지금 배운 내용도 이해하지 못했는데 다음 학년이나 중학교, 고등학교 수학, 영어를 앞서 배우게 하는 것은 독입니다. 수학은 계열성이 있는 과목이라 이전 단계를 완벽하게 이해하고 습득하지 못하면 다음 단계를 학습하는 것이 어렵기 때문입니다. 하지만 지금 현재 배우고 있는 내용과 이전 단계의 내용들을 완벽하게 이해하고 있다면 수학 과목의 경우 개인의 역량에 따라 심화 과정 학습 및 다음 단계의 내용을 미리 공부하는 것을 추천합니다.

학교 교실에서는 반에 있는 모든 아이들을 개개인의 수준에 맞춰 지도하기 어렵습니다. 어느 반이든지 아이들마다 학습 수준 차이가 항상 있습니다. 그래서 수학을 잘하는 아이들의 경우 중학교에 가서도 수학 과목은 어떤 어려운 문제가 나와도 자신이 있을 정도로 실력을 잘 다져두면 좋습니다. 수학을 잘한다면 나머지 다른 과목들도 이해하기 쉬울 것입니다. 영어도 마찬가지입니다. 대학입시가 목표라면 수능 시험에 맞춰서 공부해야 하고 유학이 목표라면 가고자 하는 해외 대학교에 맞춰서 공부해야 합니다. 다가올 AI 시대에는 해외에 있는 대학에 입학하기가 더 쉬워질 것이고 아이들이 갈 수 있는 대학도 다양해질 것입니다. 그래서 영어 등의 외국어 학습이 더 중요해질 수 있습니다. 개인적인 시간과 역량이 된다면 미리미리 독해나 듣기 실력을 쌓아두는 것을 추천합니다.

영어를 학교에서 처음 배우는 것이 초등학교 3학년부터입니다. 하지만 유치원 때 이미 성인 수준의 영어 실력을 갖추는 아이도 있고 초등학교 3학년 때 이미 토익이나 토플 시험을 치러본 아이들도 있을 정도로 수준이 천차만별입니다. 영어 공부에 있어서 가장 좋은 방법은 즐거운 분위기에서 영어 환경에 익숙해지는 것과 아이 스스로 직접 고른 영어책을 읽도록 하는 것입니다. 한 가지 확실한 것은 외국인을 만나서 당황하지 않고 술술 대화하는 것과 우리나라에서 중학교, 고등학교 기말고사, 또는 수능 외국어영역 100점 맞는 것과는 차이가 있습니다. 시험이 목적이 아니라면 평소에 영어로 된 재미있는 책을 자주 읽는 것을 추천합니다. 해리포터 시리즈도 있고 마블 시리즈, 또 기타 유명한 영화나 애니메이션 책도 많습니다. 차근차근 읽으면서 모르는 부분은 그때그때 어떻게 해석하는지, 단어의 뜻은 무엇인지 찾아보도록 해주세요.

※ 사.자.교육(사람다움 자녀교육) 핵심 노트

스스로 공부할 줄 아는 아이라면 개인의 역량에 따라 심화 과정 학습 및 다음 단계의 내용을 미리 공부하는 것도 나쁘지 않습니다. 수학의 경우 계열성이 있기 때문에 차근차근 순서대로 준비시켜 주세요. 영어는 시간 여유가 있다면 방학을 활용해 독해와 듣기 실력을 쌓아주세요.

Q36.

아이가 학교 폭력 피해자(혹은 가해자)가 되었다면?

1~2학년 아이들의 경우 싸우더라도 크게 다치는 경우가 덜합니다. 그런데 5~6학년은 아이들끼리 싸우게 되면 심하게 다치거나 따돌리는 등 학교 폭력 사안이 발생하기도 합니다.

학교 폭력 사안이 발생했다고 모두 학교 폭력 대책 자치 위원회가 열리는 것은 아닙니다. 피해 학생과 보호자가 처음에 화가 나서 학폭위를 요청하더라도 피해 정도가 경미하거나 서로 과실이 있는 경우 아이들끼리 원만한 화해가 이뤄질 수 있습니다. 요청을 번복해서 학폭위를 열지 않고 싶다고 하면 학교장이 자체적으로 사안을 종결할 수도 있습니다.

하지만 피해가 너무 큰 경우, 가해 행위가 지속되는 경우, 사과만으로는 답답한 무언가가 해결되지 않는 경우 피해자 측의 요청에 의해 학교가 아닌 교육지원청으로 이관해서 학교 폭력 위원회가 열립니다.

학교 폭력은 학교 내외에서 학생들을 대상으로 발생한 폭행, 감금, 협박, 명예훼손, 따돌림 등 신체적, 정신적 또는 재산상 피해를 수반하는 모든 행위를 말합니다. 사이버상에서 이루어지는 험담이나 따돌림도 포함됩니다. 학교 폭력 위원회가 열리게 되고 가해 정도에 따라서 단계적으로 처분이 주어집니다. 가장 가벼운 서면 사과부터 시작해서 학교 봉사, 사회봉사, 특별교육 이수, 출석 정지, 학급 교체, 전학, 퇴학 등의 단계로 나눌 수 있습니다. 처분을 받게 되면 그 내용이 생활기록부에 남을 수도 있습니다.

교육지원청에서 학교 폭력 위원회가 열린다면

첫째, 아이가 다치거나 상처를 입었을 경우 객관적인 증명 자료를 준비해두면 좋습니다. 학교 폭력 사안이 발생해서 학폭위가 열리면 서로의 피해와 가해를 따지고 객관화하여 처리하는 과정을 거치게 됩니다. 그래서 가능하다면 병원 진단서나 소견서 및 재산상의 피해에 대한 증거 자료를 확보하는 것이 좋습니다.

둘째, 부모님께서 먼저 차분하고 이성적인 태도로 대처해야 합니다.

피해자든 가해자든 학교가 아닌 교육지원청에서 학운위가 열릴 경우 적게는 한 번, 많게는 3번 이상 서면을 통한 제출이나 직접 진술 등의 방법으로 조사를 받게 됩니다. 어른들도 경찰서에 가게 되면 주눅이 들고 위축되면서 무서운 기억이 오래가기도 합니다. 아이들이 느끼는 불편한 감정은 더하면 더했지 덜하진 않을 겁니다. 이럴 때일수록 부모님께서 아이를 나무라면서 혼내지 않으면 좋겠습니다. 아이에 대한 훈육과 꾸지람은 사안이 모두 종결된 후에 해도 됩니다. 흥분하시거나 감정적인 모습보다는 차분하고 담담한 태도로 사안이 종결될 때까지 행동하신다면 아이도 힘든 과정을 잘 버틸 수 있을 것입니다.

셋째, 아이의 마음을 보듬어주셔야 합니다. 아이가 피해자라면 쉽지 않겠지만 아이의 정신적, 신체적 상처들이 잘 아물고 회복되도록 사안이 종결된 이후에도 지속적으로 관심을 갖고 평소보다 더 신경을 써주세요. 아이가 가해자라면 물론 명백한 가해 행위에 대해서는 잘못을 인정하고 정직하게 진술해야겠지만 아직 잘못된 행동을 수정하고 옳은 것들을 배우고 변하며 성장해야 할 앞날이 창창한 아이들입니다. 사안에 대한 반성과 자기성찰은 당연히 본인이 감당해야 할 책임입니다. 하지만 가해자든 피해자든 정신적 외상이나 정신병, 우울증 등으로 충격이 커지지 않도록 부모님께서 먼저 단호히 잘못은 꾸중하신 뒤 이후에는 잘 훈육하고 지도해서 아이가 자존감 하락으로 인한 자해나 자살 등 극단적 선택을 하지 않도록 보듬어주세요.

※ 사.자.교육(사람다움 자녀교육) 핵심 노트

5~6학년은 아이들끼리 싸우게 되면 심하게 다치거나 왕따 문제 등 학교 폭력 사안이 발생하기도 합니다. 아이가 다치거나 상처를 입었을 경우 객관적인 증명 자료를 준비해두면 좋습니다. 차분하고 담담한 태도로 학운위(학교 폭력 위원회)에 참여해주세요. 잘못은 단호히 꾸중하시되 트라우마가 생기지 않도록 잘 보듬어주세요.

Q37.

아이의 이성 교제, 허락해도 될까요?

5~6학년 부모님들과 아이들 친구 문제로 상담할 때면 이성 친구 이야기가 빠지지 않습니다. 저학년 때 이성 친구의 의미와 청소년기 때의 이성 친구의 의미는 완전히 다릅니다. 저학년 때 보면 그냥 동성 친구랑 놀듯이 같이 놀이터에서 다른 친구들이랑 삼삼오오 술래잡기 하거나 엄마들끼리 친해서 집에 놀러 가면 장난감 가지고 놀거나 합니다. 그런데 이제 청소년기에 접어든 아이들이 단둘이서 만난다고 하면 '헬로카봇 장난감 가지고 놀겠지.' 하고 생각하는 사람은 없습니다.

남자친구, 여자친구는 여러 친구 관계 중 하나입니다

아이들은 학교에서 무수히 많은 인간관계를 맺습니다. 그 중엔 친했다가 싸우고 절교한 친구들도 있고 안 친했다가 무척 친해졌다가 또 멀어질 친구도 생깁니다. 이성 친구, 즉 남자친구 여자친구 개념도 마찬가지입니다. 너무너무 친해져서 사귀게 된 이성 친구가 있다면 다른 친구들처럼 엄청 가까웠다가도 여러 가지 이유로 멀어질 수 있다는 것입니다. 아주아주 자연스러운 현상이죠. 부모님들의 초등학생 시절 남자친구 여자친구 떠올려보세요. 잘 기억이 안 나시죠? 아니면 중고등학생 때 사귀던 남자친구 혹은 여자친구를 떠올려봅니다. 기억날 수도 있고 안 날수도 있고….

생물학적으로 인간의 남녀 관계를 분석한 연구 결과에 따르면 이성적으로 끌리게 되더라도 호르몬에 의한 사랑은 짧으면 3개월 길어봤자 6개월이라고 합니다. 그래서 호르몬이 왕성한 시기 청소년 아이들은 누가 고백해서 사귀게 되었다고 하더라도 처음에는 배스킨라빈스 아이스크림만큼 좋다가 나중에는 수박바 만큼만 좋다가 또 지내다보니 수돗물 얼린 얼음보다도 안 좋아질 수도 있을 것입니다. (편의상 가격에 따라 비유했습니다.)

아이가 스스로 자신의 감정을 들여다보도록 평소 좋고 싫고를 분명하게 표현하는 연습을 시켜주세요. 아이스크림을 예로 들었지만 점수를 1

점에서 10점까지라고 하면 좋은 강도가 10인지 5인지 1인지… 그리고 10이었더라도 5도 될 수 있고 1도 될 수 있다는 것을 알려주어야 합니다. 아이가 자신의 감정을 들여다봤는데 5보다 크지 않다! 그러면 아무리 미안하고 어색해지더라도 이성 친구의 고백을 거절할 수 있어야 된다는 겁니다. 아이들끼리는 누가 차고 차이고가 어릴 때는 굉장히 큰 이슈일수도 있는데 지나보면 아무것도 아닙니다. 결론은 친구 관계는 얼마든지 변할 수 있고 이성 친구도 좋았다가 싫었다가 할 수 있어서 이성 교제를 하다가도 아닌 것 같으면 그냥 "다시 친구로 지내자!" 하고 멀어질 수 있다는 것을 아이들에게 꼭 알려주세요.

이성 교제는 그래도 특별한 관계가 되는 것입니다

숲과 나무에 비유해 보겠습니다. 숲에 가면 나무가 많습니다. 나무 한 그루 한 그루를 친구라고 한다면 숲에 있는 한 그루 나무인 내 여자친구는 여러 친구 관계 중 하나일 뿐입니다. 하지만 사귀게 되면 내 눈에는 앞에 있는 나무만 보입니다. 숲에 나무가 아무리 많아도 내 눈앞에 있는 내 여자친구만 특별하게 보이는 것입니다.

아이들끼리 '오늘부터 1일' 이러고 서로 쪽지 주고받고 SNS로 연락하고, 편지 쓰고… 이런 일련의 모든 활동이 결국은 서로에게 특별해지고 싶다는 것입니다. 애들끼리 사귄다고 해서 지켜보면 내 남자친구인데 모둠 활동할 때 다른 여자애한테 연필을 빌려준다든지 유독 잘해준다든지 하면… 꼭 싸우고 다퉈서 교사의 귀에 들어가는 경우가 많습니다.

"왕관을 쓰려는 자, 그 무게를 견뎌라."라는 말이 있죠? 사회적으로 책임감 있는 위치에 있을 때 그만큼의 책임감이 요구된다는 뜻으로 쓰이는 말이지만 아이들 연애에도 적용할 수 있습니다. 상대방에게 왕자님, 공주님이 되는 것에 비유할 수 있습니다. 아이들끼리 사귀자고 하는 것은 각자에게 특별한 존재가 되는 겁니다. 사귀자! 여친, 남친, 뭐 1일 이런 것들이죠. 누군가의 인생에 특별한 존재가 된다는 것은 어쩔 수 없이 어떤 영향을 주고받게 된다는 것을 의미합니다. 누군가의 남자친구가 된다는 것, 또는 여자친구가 된다는 것에 책임감을 가져야 한다는 말입니다.

이성 교제와 성교육은 완전히 분리할 수는 없습니다. 단둘이서만 한 공간에 오래 있는 것은 조심해야 한다고 말해주세요. 남자와 여자의 2차 성징이 몸의 변화로 나타나는 시기부터 나랑 다른 성, 그러니까 남자는 여자, 여자는 남자한테 호기심이 생기고 호르몬도 왕성해진다고 합니다. 이 시기에 소위 남친, 여친끼리 단둘만 같은 공간에 있게 되면 호기심이든, 호르몬에 의한 반응이든 서로 더 가까워지려고 할 수 있습니다. 그런데 어린 나이일수록 이런 행동들을 할 때 이성적으로 뒷일을 생각한다든지, 책임감을 떠올린다든지 하기가 어렵습니다. 그래서 미혼모라든지 낙태라든지 하는 가슴 아픈 일들도 많이 일어나게 되는 것입니다. 이성 친구와 진지하게 만나고 싶다고 한다면 성에 관련된 교육을 먼저 충분히 받아야 한다고 말해주세요. 성적 자기결정권을 이해할 수 있어야 하고 상대방이 원하지 않으면 멈출 수도 있어야 한다고 알려주세요. 자기표현을 충분히 하고 서로 존중할 수 있을 때 진지한 이성 교제를 허락할 수 있습니다.

그렇다면 무조건 이성 교제를 못 하게 하라는 말일까요? 아닙니다. 하지 말라고 하면 더 하고 싶은 법입니다. 아이가 남자친구나 여자친구를 사귀도록 허용하되 단둘이서 몰래 만나기보다는 다른 친구들과 삼삼오오 남자 셋, 여자 셋 이런 식으로 친한 친구들끼리 무리 안에서 지내도록 조언해주세요.

예를 들면 시험 기간에 이성 친구가 집에 놀러온다고 하면 함께 공부하도록 다과도 준비해 주시구요. 아이가 주말에 친구들을 만나러 나가고 싶다면 여럿이서 놀 수 있는 키즈 카페나 놀이공원 입장권, 영화관람권을 예매해주거나 아이스크림 기프티콘을 아이에게 선물해보세요.

'아이들이 몰래 둘만 만나겠지?' 하는 의심보다는 설령 그렇다고 하더라도 평소 자기 감정을 들여다보는 연습과 충분한 성교육, 그리고 자기결정권에 대해 잘 대화를 했다면 아이를 믿어주셔야 합니다. 부모님들의 관심과 배려 속에서 피 끓는 청소년들, 또 이성 교제에 관심이 아이들의 이 시기가 지나가는 여름철처럼 싱그럽고 풋풋한 시절이 되기를 바랍니다.

※ 사.자.교육(사람다움 자녀교육) 핵심 노트

아이가 평소 스스로 자신의 감정을 들여다보도록 좋고 싫고를 분명하게 표현하는 연습을 시켜주세요. 서로 각별해지고 싶어 사귀더라도 단둘이서 몰래 만나기보다는 친한 친구들끼리 무리 안에서 지내도록 조언해주세요.

3부

사람다움,
로봇은 가질 수 없는
능력과 성품

1장

AI 시대, 내 아이에게 꼭 필요한 공부가 있다면

앞으로 입시와 취업에서 글쓰기 능력이 더 중요해진다던데?

글쓰기 능력은 앞으로 더 중요해질 것입니다. 몇몇 부모들은 글을 잘 쓰는 아이로 만들기 위해 논술학원에 보내기도 합니다. 학원에 가서 글을 많이 써보면 글쓰기 실력이 좋아질까요? 글은 많이 쓰기만 한다고 잘 쓰게 되는 것이 아닙니다.

크라센과 리의 논문에서는 쓰기의 양과 쓰기의 질은 무관하다고 합니다. 오히려 자율적인 독서를 많이 한 아이들이 쓰기 실력이 좋고 책을 더 많이 읽은 아이일수록 글을 더 잘 쓴다는 사실이 밝혀졌습니다. 이러한 글쓰기 능력은 출력이 아닌 입력으로부터, 연습이 아닌 이해로부터 이루어집니다.

주장하는 글을 쓰는 법을 배우려면 주장하는 글을 많이 읽어야 하고 이야기를 쓰는 법을 배우려면 소설이나 동화 등 이야기책을 많이 읽어야 합니다. 그리고 소설을 많이 읽은 사람은 아무것도 읽지 않은 사람보다 시나 수필을 더 멋지게 쓸 수 있습니다. 글을 쓸 때 문장을 만들거나 글에서 느껴지는 말투를 문체라고 합니다. 아이들의 뇌는 글을 읽으면서 자연스럽게 글쓴이의 문체나 어투를 흡수해서 자기화합니다. 그래서 많이 읽은 아이가 독창적인 글을 잘 쓸 수 있게 되는 것입니다.

읽기와 쓰기는 상호보완적인 관계입니다. 잘 쓰려면 먼저 많이 읽어야 하고 많이 읽었으면 써봐야 합니다. 쓰기는 모호하고 추상적이던 것을 명확하게 정리하게 해줍니다. 그리고 글로 쓰면 머릿속에서 모호했던 것들이나 궁금했던 문제가 어느 정도 해결되기도 합니다.

글쓰기가 사고력 향상에 도움이 된다는 연구 결과도 있습니다. 랭거와 애플비의 연구에 따르면 일반적으로 쓰지 않고 읽기만 한 경우보다 노트 필기, 요약하기 등 쓰면서 공부를 한 학생들의 성적이 더 높았습니다. 수업 시간에 나온 중요한 개념을 하루에 3분씩만이라도 글로 써본 학생들은 시험에서 그렇지 않은 학생들보다 월등히 나은 점수를 받았습니다.

읽고 쓰기는 사고력, 문제 해결력 등 다양한 지능을 발달시켜줍니다. 초등 공부의 핵심은 읽기와 쓰기입니다. 읽었으면 무엇이든 쓰게 해야 합니다. 다가올 AI 시대, 글을 잘 쓰는 능력은 로봇이 가질 수 없는 능력입니다.

※ 사.자.교육(사람다움 자녀교육) 핵심 노트

글을 잘 쓰려면 먼저 좋은 글을 많이 읽게 해주세요. 아이들의 뇌는 글을 읽으면서 자연스럽게 글쓴이의 문체나 어투를 흡수해서 융합합니다. 그래서 많이 읽은 아이가 독창적인 글을 잘 쓸 수 있게 되는 것입니다. 읽었으면 자신만의 표현으로 써보게 하는 것도 도움이 됩니다.

Q39.

글쓰기 실력을 늘리려면?

송숙희 작가의『150년 하버드 글쓰기 비법』에 따르면 오랜 기간 동안 전해 내려온 글쓰기 공식이 있다고 합니다. 하버드생들은 입학 후 졸업할 때까지 4년 동안 이 공식에 맞춰서 수백 또는 수천 편의 에세이를 씁니다. 그 공식을 초등학생용으로 소개해보겠습니다.

오레오(O.R.E.O.) 법칙

1. 의견 쓰기(Opinion)

말하고자 하는 핵심 생각을 글의 가장 앞부분에 적는 것입니다. 쉽게 말해 결론부터 쓰는 것입니다. 예를 들어보겠습니다. '훌륭한 운동선수가 되려면 어떻게 하면 좋을까?'에 대한 생각을 글로 써보겠습니다. 첫 문장은 어떻게 쓰면 될까요? 많은 의견이 있겠지만 저는 성실함에 초점을 맞춰보겠습니다. 제가 쓴 첫 문장은 이렇습니다.

"훌륭한 운동선수가 되려면 성실해야 한다."

2. 이유 밝히기(Reason)

첫 문장에서 핵심 생각을 명료하게 밝혔다면 근거를 제시해야 합니다. 제가 제시하는 근거는 이렇습니다.

"왜냐하면 손흥민이나 김연아 등 대부분의 훌륭한 선수들은 매사에 성실했기 때문이다."

3. 사례 조사하기(Example)

이유를 밝혔다면 의견과 이유를 뒷받침할 만한 사례를 조사해야 합니다. 사실 많은 글의 정교함이 사례의 조사에서 차이가 생긴다고 합니다. 더 적절하고 정확한 사례를 찾는 것이 앞으로 더욱 중요해질 것입니다. 평소에 독서를 꾸준히 해야 하고 디지털 기기를 다루는 능력도 길러야 하는 이유가 여기 있습니다. 책이나 디지털 매체를 통해 더 정확하고 적절한 사례를 찾는 연습을 평소에 하도록 도와주시면 좋겠습니다. 제가 찾은 사례입니다.

"박지성 선수의 자서전에 있는 일화이다. 박지성 선수는 수많은 부상과 야유로 슬럼프가 왔을 때도 하루도 빠짐없이 재활 운동을 하고 체육관에 가서 묵묵히 자신이 해야 할 훈련을 소화했다고 한다."

4. 의견 다시 강조하기(Opinion)

마지막으로 의견을 다시 한 번 강조하는 것입니다. 하버드 교수 맥킨지는 마지막 의견을 강조할 때는 제안하기, 해결책 제시하기 두 가지 방법이 효과적이라고 했습니다. 제안하기 방법으로 예로 들어보겠습니다.

"박지성, 손흥민, 김연아 등 훌륭한 운동선수처럼 우리도 매사에 성실하게 최선을 다한다면 자기 분야에서 훌륭한 성취를 이룰 수 있을 것이다. 함께 최선을 다해보는 것은 어떨까?"

미국 아이들은 초등학교 때부터 자신의 의견을 논리적인 글로 표현하는 연습을 합니다. 그 연습의 뼈대가 바로 오레오(O.R.E.O.) 글쓰기 공식입니다.

우리나라도 2022개정 교육 과정에 따라 앞으로 창의적인 인재를 육성하기 위해 글쓰기 능력을 강조하고 있습니다.

아이들이 학교뿐만 아니라 가정에서도 글의 뼈대를 세우고 살을 붙이는 연습을 한다면 다가올 서술형 수능뿐만 아니라 수많은 시험, 인터뷰 등에서도 당황하지 않고 글을 쓸 수 있을 것입니다.

"힘 있는 글은 논리적이고 간결하다."

– 윌리엄 스트렁크 2세(코넬대학교 영문학 교수)

※ 사.자.교육(사람다움 자녀교육) 핵심 노트

글쓰기 실력을 높이려면 4단계를 연습하도록 해주세요. 의견 쓰기, 이유 밝히기, 사례 조사하기, 의견 다시 강조하기입니다. 글 잘 쓰는 아이는 미래에 꼭 필요한 존재가 될 것입니다.

Q40.

문해력? 그렇게 중요한가요?

문해력은 중요합니다. 중학교에 진학한 제자들이 가끔 학교로 찾아오곤 합니다. 중학교 공부가 초등학교 때와 어떻게 다른지 물어보았습니다. 대답은 "어려워졌다. 공부할 게 많다." 입니다. 중학교 교과서를 살펴보면 초등학교 교과서와는 다르게 한 페이지당 글자 수가 많아지고 이해하기 어려운 단어와 주석들이 많이 등장합니다. 그래서 평소에 어려운 단어가 많이 있는 책을 읽어보지 않았던 아이들은 중학교 수업을 당황스러워 합니다.

문해력이란 문자를 읽고 이해하고 쓸 줄 아는 능력을 말합니다. 초등

교육은 아이들에게 동기 유발을 위한 학습의 재미나 자기주도적 학습, 놀이와 체험 등을 강조하지만 중 고등학교에 가게 되면 교과서를 이해해야만 문제를 풀 수 있는 비중이 커집니다.

그렇다면 이런 문해력은 어떻게 기를 수 있을까요? 바로 독서를 통해서입니다. 우리가 흔히 쓰는 언어는 크게 구어와 문어, 말로 하는 언어와 글로 쓰는 언어로 나눌 수 있습니다. 그런데 구어와 문어는 완전히 구분되는 능력이 아니고 구어를 좀 더 문법적으로 다듬어놓은 것이 문어입니다.

문해력이 발달하려면 먼저 구어 능력, 즉 말하기 능력이 발달되어야 합니다. 말하기 능력을 발달시키려면 대화를 많이 하면 됩니다. 그런데 요새 아이들, 어떻죠? 혼자 스마트폰 보거나 컴퓨터 게임하는 시간이 많아졌죠? 그래서 문해력의 기초가 되는 구어의 발달 속도가 예전 아이들에 비해 점점 늦어지고 있다는 연구 결과도 있습니다.

희망적인 부분은 바로 독서, 즉 문자를 읽고 이해하는 활동을 통해 구어를 발달시키고 문어 능력과 문해력도 발달시킬 수 있다는 점입니다. 독서를 통해 문해력을 발달시킬 수 있는 첫 번째 방법은 아이가 책을 소리 내어 읽도록 하는 것입니다. 소리 내어 읽다 보면 읽기 유창성이 길러지고 말하기 능력도 발달할 것입니다.

읽기 유창성이란 예를 들면 '이순신 장군이 거북선을 만드셨다.'라는 문장이 있을 때 이순신 '정군'이라고 읽거나 단어를 빠뜨리고 읽는 것이 아닌 정확히 읽을 수 있는 능력, 읽으면서 장군은 병사들을 통솔하던 사람이고 거북선은 거북이 모양의 배라고 머릿속으로 단어나 문장의 뜻을 바로 떠올리고 해석할 수 있는 능력, 단어나 구 단위로 운율에 맞게 읽는 능력을 말합니다. 소리를 내어 읽게 되면 이러한 읽기 유창성을 기를 수 있습니다.

두 번째 방법은 책을 최대한 느린 속도로 읽는 것, 슬로 리딩입니다. 반대로 책을 빨리 읽는 것을 속독이라고 합니다. 아무래도 글을 빨리 읽게 되면 글의 내용을 온전히 이해하기 어려울 수 있습니다. 아이가 어리면 어릴수록 슬로 리딩을 통해 책을 정독하는 습관을 들여야 합니다. 속독은 충분히 슬로 리딩 하는 연습을 하고 나서 해도 늦지 않습니다. 슬로 리딩의 가장 좋은 방법은 첫째 소리 내어 읽는 속도보다 절대 빠르게 읽지 않기, 둘째 '왜'라고 질문하면서 읽기입니다.

『나의 라임 오렌지 나무』라는 책에서는 주인공 제제가 부모님께 두들겨 맞는 장면이 나옵니다. 책을 읽으면서 '왜 그 당시에는 가족들이 제제를 심하게 때려도 벌을 받지 않았을까?' 하는 질문을 할 수 있습니다. 지금은 아무리 부모라도 아이를 때리면 아동학대로 처벌을 받을 수도 있습니다. 그런데 소설의 배경이 되는 1900년대에는 이런 일은 비일비재했습니다.

이런 식으로 질문을 하고 스스로 조사해보고 생각해보는 과정을 통해

당시 시대적 상황과 배경을 이해해볼 수 있을 것입니다.

왜 주인공은 이런 경험을 했을까?

주인공이 저렇게 행동한 까닭은 무엇일까?

셋째, 반복 독서입니다. 반복 독서는 같은 책을 여러 번 반복하면서 읽는 방법입니다. 사실 이 방법은 여러 위인들이 사용했던 독서법입니다. 『주역』을 이해하기 위해 가죽끈이 세 번 떨어질 때까지 읽었다는 공자, 책 내용을 모두 이해할 때까지 밤낮없이 읽어서 집현전 학자들과 토론하고 견주어도 학문적으로 절대 뒤지지 않던 세종대왕 등등 많은 위인들이 반복 독서를 통해 문해력을 길렀습니다.

반복 독서는 속독하는 습관을 고치는 가장 좋은 방법이기도 합니다. 속독을 하게 되면 어쩔 수 없이 수박 겉핥기식으로 독서를 할 수 밖에 없습니다. 저는 독서 시간이나 독서록을 작성할 때 다른 학생들보다 책을 너무 빨리 읽어버린 아이들에게 다시 한 번 책을 반복해서 읽도록 합니다.

가정에서 독서를 할 때도 아이들이 책을 너무 빨리 읽고 덮어버리는 습관이 있다면 소리 내어 읽거나 반복해서 읽도록 지도해주세요. 『독서머리 공부법』의 저자 최승필 작가의 말에 따르면 같은 책을 3번 이상 읽게 되면 그전에 이해되지 않았던 구절이나 이해되었다고 하더라도 또 다른 의미로 이해되는 경험들을 할 수 있다고 합니다. 자연스럽게 문해력도 향상될 것입니다.

넷째, 필사하기입니다. 필사란 글을 베껴 쓰는 활동입니다. 공책에 공감이 되고 마음에 간직하고 싶은 문장들을 적어놓습니다. 그리고 시간이 지나서 다시 봤을 때 생각이 달라졌거나 더 알아보고 싶은 부분이 있다면 표시를 해놓고 또 적어놓습니다. 이렇게 필사를 하면서 책을 읽게 되면 이해하는 깊이가 달라지게 되고 책 한 권의 필사만으로도 문해력과 언어 능력이 발달하게 됩니다.

다섯째, 백지 정리입니다. 책에 밑줄을 긋고 문단별로 중요한 내용을 메모하면서 독서하는 방법입니다. 책을 다 읽고 나서는 흰 종이에 자신만의 지식 지도를 그려볼 수 있습니다. 글을 읽고 핵심을 파악하고 나서 스스로 체계화해서 노트에 옮겨 적는 것입니다.

중요한 사실은 스스로 자기만의 방식으로 해야 한다는 것입니다. 다른 사람이 정리하고 요약해놓은 것을 고대로 옮겨 적는 것은 별 도움이 되지 않습니다. 스스로 지식의 지도를 그려가면서 정리하고 이해하고 내면화할 때 문해력과 지적 능력을 향상시킬 수 있습니다.

공부는 별로 안 하는 것 같은데 성적이 좋은 아이들이 있습니다. 이런 아이들을 공부머리가 좋다고 표현합니다. 공부머리를 다른 말로 표현하면 문해력입니다. 이런 공부머리, 즉 문해력은 결코 자연스럽게 길러지지 않습니다. 바로 독서를 통해 문해력을 기를 수 있습니다.

※ 사.자.교육(사람다움 자녀교육) 핵심 노트

문해력이란 문자를 읽고 이해하고 쓸 줄 아는 능력입니다. '공부머리'라고도 합니다. 문해력 발달에 가장 기초가 되는 방법은 독서입니다. 독서를 활용하는 구체적 방법은 책을 소리 내어 읽기, 느리고 꼼꼼하게 읽기, 반복해서 읽기, 필사하기, 메모하면서 읽기 등이 있습니다.

Q41.

한자 공부, 미래에도 중요할까요?

학년이 올라가면서 글밥이 많아지게 되면 자연스럽게 모르는 단어가 늘어납니다. 호기심이 많은 아이들은 하루에도 수십 번 모르는 단어를 질문합니다. 아이가 호기심이 많거나 모르는 단어를 알고 싶어 한다면 한자 공부는 필수입니다. 우리말의 대부분이 한자어로 되어 있습니다. 평지, 평발, 시차 등 교과서에 나오는 대부분의 용어들도 한자어입니다. 그래서 어휘력뿐만 아니라 독해력, 또 이해력과 사고력을 위해서 한자 공부는 꼭 해야 합니다.

그렇다면 한자 공부! 어떻게 접근해야 할까요? 목적에 맞게 효율적으로 해야 합니다. 레오나르도 다빈치가 이런 말을 했다고 합니다. "목적 없는 공부는 기억에 해가 될 뿐이며 머릿속에 들어온 어떤 것도 간직하지 못한다."

학생들의 한자 공부의 방향은 크게 두 가지입니다. 첫 번째 어휘력 향상, 두 번째 중국어 공부입니다. 목적이 무엇이냐에 따라 공부 방법도 다릅니다. 아이의 미래를 준비하기 위해 중국어를 공부하고자 한다면 한자 자체를 쓰고 읽고 발음할 수도 있어야 합니다. 중국어 공부를 하려고 한자를 공부한다면 뜻과 소리, 한자의 부수, 쓰기까지 한 글자 한 글자 꼼꼼하게 공부하면 됩니다. 시중에 나와 있는 중국어 교재를 활용하면서 회화 공부도 차근차근하면 될 것입니다.

그런데 어휘력이나 사고력, 독해력의 향상을 목적으로 한자 공부를 한다면 한자어 공부만 하면 됩니다. 한자 공부랑 한자어 공부랑 뭐가 다르다는 것일까요? 한자 공부는 읽고 쓰고 발음하면서 한 글자씩 꼼꼼하게 보는 것을 말하고 한자어 공부라는 것은 쓸 줄 모르더라도 뜻을 이해하는 공부입니다. 평지, 평발, 아니면 편차, 시차 등등 한자끼리의 결합으로 이루어진 낱말을 뜻 중심으로 이해하면서 낱말을 통으로 공부하는 것을 말합니다.

평지라는 단어를 예로 들어볼게요. 평평할 평(平), 땅 지(地)로 되어 있습니다. 그래서 평평한 땅이라는 뜻이구나! 이렇게 한자어 공부를 한 아이들은 비슷한 낱말인 평면이라는 단어를 보고 '평평할 평에 표면을 뜻하는 면이 결합되어 있으니까 평면은 평평한 면이라는 뜻이겠지?' 하고 유추를 통해 모르는 단어를 보더라도 뜻을 짐작할 수 있습니다.

교과서에 나오는 모든 단어의 뜻을 완벽히 알거나 읽고 있는 책의 모든 단어를 완벽하게 알고 있는 경우는 거의 없습니다. 하지만 한자어를 알고 있다면 앞과 뒤의 문장, 글의 흐름과 종합해서 얼마든지 유추하고 짐작하면서 글을 이해하고 해석할 수 있게 됩니다. 그래서 아이들에게 한자어 공부는 매우 중요합니다. 아이들이 한자를 쓰지는 못해도 한자어를 읽을 수 있게 알려주세요. 시중에 나와 있는 일일 한자 시리즈나 마법천자문 같은 도서도 추천합니다.

※ 사.자.교육(사람다움 자녀교육) 핵심 노트

한자어를 공부하면 어휘력과 독해력에 큰 도움이 됩니다. 알고 있는 한자어를 활용해서 유추하고 짐작하면서 글을 이해하고 해석할 수 있게 됩니다. 한자를 쓰지는 못해도 한자어를 읽을 수 있게 알려주세요.

2장

로봇과 공존할 아이들, 더 사람다운 아이들로 키우려면

Q42.

탁월한 아이들이 가지고 있는 놀라운 공통점

교실에서 만난 아이들은 각자의 개성을 지닌 꽃들처럼 모두 예쁩니다. 하지만 교사의 입장에서 보았을 때 절대 내색하지 않지만 더 특별해 보이는 아이들이 있습니다. 이런 아이들은 공부, 운동, 인성 등등 어떤 한 분야 이상에서 뛰어나 보입니다. 이들의 공통점을 4가지로 정리해보았습니다.

첫째, 몰집력이 뛰어납니다. 혹시 몰집력이라는 단어를 들어본 적 있으신가요? 몰집력이란 몰입과 집중력의 합성어로 이해를 돕고자 제가 만든 단어입니다. 어떤 일에 깊게 빠져드는 능력을 말하며 초집중하는 능력을 말하기도 합니다. 대부분의 아이들은 뭘 하다가 조금만 어렵다고 느끼거나 힘들다고 느끼면 쉽게 포기하는 경우가 많습니다. 그런데 이 몰집력이 뛰어난 아이들은 주어진 일에 몰입하여 다방면으로 머리를 굴려보고 해결하려는 집념이 뛰어났습니다. 즉, 아무리 시간이 걸리더라도, 아무리 지루하거나 힘들더라도 스스로 해결하기 위해서 끝까지 노력을 하더라구요. 이런 아이들에게 저는 항상 너는 뭘 해도 될 거라고 응원과 지지를 보내곤 했습니다.

둘째, 끈내꾸가 뛰어납니다. 끈내꾸는 끈기, 인내심, 꾸준함을 뜻합니다. 해내고자 하는 의지라고도 할 수 있는데요. 뭘 해도 될 것 같은 아이들, 즉 탁월한 아이들은 대부분이 의지, 즉 스스로 외부의 방해를 차단하는 능력이 뛰어났습니다. 아직도 잊히지 않는 학생이 있습니다. 아침 독서 시간에 저에게 이어폰을 꽂고 책을 봐도 되겠냐고 와서 묻는 학생이 있었습니다. 저는 그 학생 책상에 『미움받을 용기』라는 책이 있는 것을 보고 독서에 방해되지 않는 음악은 괜찮다고 했습니다. 잠시 후에 조용히 책을 읽고 있던 아이 옆에 가서 무슨 음악 듣는지 물어보려던 순간 이어폰 줄이 빠져 있는 것을 목격했습니다. 쉬는 시간에 아이를 불러서 물어보니 친구들이 말을 걸거나 소음 때문에 방해받기 싫어서 일부러 이어폰을 꽂은 것이라고 하더라구요.

요즘 아이들은 점점 끈기가 없어지고 지루한 것을 참지 못하는 경우가 많습니다. 하지만 탁월한 아이들은 요즘 아이들과는 다르게 어릴 때부터 뛰어난 의지를 갖고 스스로 외부의 방해를 차단할 줄도 알고 있었습니다. 또한 계획도 한번 세우면 포기하지 않고 끝까지 계획을 마치려는 의지도 뛰어났습니다. 탁월한 아이들은 계획대로 실천하고 또 결과에 대해 다음에는 더 잘하고자 반성할 줄 알았습니다.

운동을 할 때도, 그림을 그릴 때도 마찬가지입니다. 축구를 좋아하는 탁월한 학생은 축구 경기 시간 동안 숨이 아무리 차도 끝까지 경기를 완수하려는 의지가 강했고, 미술을 잘하는 아이들도 미술 시간 내내 잡담을 하지 않고 친구가 아무리 말을 걸어도 초집중해서 주어진 시간 안에 작품을 완성도 있게 만들어냈습니다.

셋째, 정서적 환경 설정이 잘되어 있습니다. 환경이란 백그라운드, 즉 이 아이를 둘러싼 주변 요소들을 말합니다. 여기에는 부모님, 친구 관계, 가정 분위기 등등 수많은 요소가 있습니다. 앞에 말한 의지도 정말 중요한 요소인데 탁월한 아이들은 의지뿐만 아니라 정서적인 환경 설정도 잘되어 있었습니다. 가정 분위기도 집에서 TV와 스마트폰만 보는 가정보다는 책을 읽고 대화와 토론하는 환경에서 자란 아이들이 말하는 능력, 공감 능력, 학습 능력, 인성 등등 여러 방면에서 훨씬 뛰어났습니다. 굳이 공부가 아니더라도 어릴 때부터 그림을 그리거나, 운동을 즐겨하는 분위기와 환경에서 자란 아이들이 예체능 방면에서도 뛰어났습니다.

물론 경제적 환경도 아이에게 편안함과 보상을 줄 수 있다는 점에서 무시할 수 없습니다. 하지만 정서적 환경은 경제적으로 잘사는 환경이 아니더라도 충분히 아이에게 제공할 수 있습니다. 최선을 다해 사는 부모의 뒷모습은 아이들의 자부심이 되는 환경입니다. 어머니의 따뜻한 말 한마디와 포옹은 아이들의 불안감을 몰아내는 환경입니다, 이처럼 애정 어린 말 한마디, 지지와 격려 등 정서적으로 도움을 주는 환경을 설정해 주셔야 합니다.

넷째, 자존감이 높다! 자존감이란 자기 자신을 존중하고 아껴주는 감각을 말합니다. 자존감이 높은 아이들은 어릴 때부터 부모님이나 주변 사람들에게 조건 없는 애정을 많이 받은 아이들이었습니다. 또 스스로가 소중하고 가치 있다는 느낌을 가진 아이들입니다. 그리고 스스로의 장점과 강점도 알고 있는 경우도 많았습니다.

예를 들면 "선생님, 한 번 더 해볼게요! 할 수 있을 것 같아요.", "저는 왼발잡이니까 왼발로 하면 이번에는 해낼 수 있을 것 같아요!", "제가 원래 노력파라 계속하면 충분히 해낼 수 있어요." 이런 식으로 스스로 자기 자신을 아껴주고 마음을 잘 다잡는 것을 잘하는 아이들이었습니다.

자존감이 높은 아이들은 거절당하거나 쓴소리를 들었을 때 태도가 남달랐습니다. 친구가 자신의 제안을 거절하면 자존감이 높은 아이들은 단지 의견만 거절된 것이라고 생각합니다. 자신의 존재 자체가 거절당했다고 생각하지 않았습니다.

자존감이 높은 아이들은 실수하거나 잘못한 부분에 대해 이야기하면 "그건 제가 잘못했네요.", "선생님 고맙습니다!", "잘하고 싶었는데 속상하네요. 한번 해볼게요."

이런 식으로 싫은 소리를 듣더라도 말에 담긴 객관적인 의미와 자신에 대한 감정을 분리해서 생각할 줄 알았습니다. 물론 평소에 스스로 사랑받는 존재임을 알고 있었고 좋은 관계에 있었기 때문일 수 있습니다. 이런 아이들은 훨씬 관계 맺기도 쉽고 몇 년이 지난 지금까지도 연락을 하고 지낼 정도로 가깝게 지낼 수 있었습니다.

자존감이 높은 아이들은 자기가 존중받지 못한다는 느낌을 가졌을 때 주변 사람들과 소통하는 능력도 뛰어났습니다. 반에서 아이들끼리 있었던 일입니다. 피터(가명)에게 친구들이 "돼지xx!"라고 험한 말을 한 적이 있었습니다. 피터는 "내가 요새 살이 좀 찐 건 알겠는데 '돼지xx'라니! 속상한데?"라고 표현을 했습니다. 친구들 중에는 어린 마음에 재차 "돼지xx!"라고 반복하는 아이가 있었죠. 그러자 피터는 정색을 하고 기분 나쁜 표현이니 그만하라고 말했고 결국 '돼지xx'라는 욕을 했던 아이는 생활지도를 받았습니다. 그 뒤 피터에게 또다시 그 단어를 사용하는 아이는 없었습니다.

이런 아이들은 타고나는 것일까요? 아닙니다. 어릴 때부터 조건 없는 애정을 듬뿍 받고 스스로 소중하다고 믿는 아이들은 존중받지 못한 느낌을 건강하게 표현할 줄도 알았으며 다른 사람도 존중할 줄 아는 자존감 높은 아이들로 자랍니다.

※ 사.자.교육(사람다움 자녀교육) 핵심 노트

시대를 막론하고 탁월한 아이들은 공통점이 있습니다. 몰입력이 뛰어나며 끈기와 인내, 꾸준함이 남다르고 환경 설정이 잘되어 있습니다. 조건 없는 애정을 받아 스스로 존재의 소중함을 알며 존중받지 못했을 때 건강하게 표현할 줄 아는 뛰어난 자존감도 가지고 있습니다.

Q43.

아이의 끈기와 열정을 키워주려면?

철학자 니체는 다음과 같은 말을 했습니다. "모든 작품에 대해 우리는 그것이 어떻게 생겨났는지 묻지 않는다. 우리는 마치 그것이 마법에 의해 땅에서 솟아난 것처럼 현재의 사실만을 즐긴다. 아무도 예술가의 작품에서 그것이 완성되기까지의 과정을 보지 못한다."

사람들의 눈에는 결과만 보이기 때문에 노력과 과정은 잘 드러나지 않습니다. 하지만 아이들의 열정과 끈기를 키워주려면 과정을 중요하게 여겨야 합니다. 아이들이 성공한 인생을 사는 데 중요한 것은 얼마나 끈기와 지속적인 열정으로 주어진 것들을 해내는가입니다.

저는 아이들을 어린 나이부터 천재나 영재로 구별하여 교육하는 것에 반대합니다. 어릴 때부터 이런 구별을 하게 되면 목표를 이루기 위해 노력할 기회조차 없어지기 때문입니다. 천재나 영재를 남다른 존재로 여겨버리면 스스로 노력이 부족했다는 것을 인정하지 않아도 되게 됩니다. 물론 저는 수년간 재능 있는 아이들을 교실에서 많이 만났습니다. 하지만 재능을 가지고 있는 것과 재능을 발휘하는 것은 다릅니다.

예를 들어보겠습니다. 철수랑 민수랑 영희 세 아이가 달리기 시합을 합니다. 철수는 팔다리도 길고 힘도 좋아서 출발하자마자 선두로 치고 나갑니다. 하지만 얼마 지나지 않아서 힘들고 지루하다고 멈춥니다. 민수의 경우 팔다리는 길지 않지만 다리 근육의 힘이 좋아서 철수가 멈추자 금세 선두로 치고 나갑니다. 하지만 민수도 얼마 가지 않아서 힘들고 지친다면서 이탈합니다. 마지막 영희의 경우 팔다리도 길지 않고 다리 힘도 좋지 않지만 끝까지 포기하지 않고 달려서 결국 결승선을 통과합니다. 그러자 철수와 민수는 영희를 부러워합니다. 사실 자신보다 달리기에 있어서 잠재력이나 재능은 더 적었던 사람인데 말이죠. 서로 이렇게 말하면서 위안합니다. “영희는 재능이 있는 천재라서 그래.”

국가대표 축구선수 손흥민을 예로 들어보겠습니다. 큰 부상을 입었음에도 마스크를 쓰고 경기장 위에서 최선을 다하는 모습은 월드컵이 끝난 지금까지도 온 국민의 가슴에 남아 있을 것입니다. 훈련을 할 때도 그 어느 선수보다 훈련장에 일찍 도착해서 가장 마지막까지 남아서 훈련을 한다고 합니다. 세계 최고 리그인 프리미어 리그에서 득점왕을 차지했음에도 계속해서 끊임 없이 열정적으로 노력하고 있죠. 이러한 끈기와 열정은 타고나야 하는 걸까요? 아닙니다. 누구나 키울 수 있는 능력입니다.

아이들의 끈기와 열정을 키워주기 위한 5가지 방법

첫째, 노는 시간을 주자! 아이들에게 "너 뭐 좋아하니?", "취미가 뭐야?" 하고 물어보면 "몰라요."라고 대답하는 아이들이 대부분입니다. 아직 초등학생들에게는 끈기와 열정을 가지고 몰입할 만한 대상을 갖기란 어려운 일입니다.

아직 열정의 대상을 정하지 못했다면 하루에 몇 시간씩 부지런히 몰입하기 전에 자신이 무엇을 좋아하는지 알아보고 흥미를 자극하면서 빈둥거릴 시간이 반드시 필요합니다. 단, 빈둥거린다는 것은 누워서 스마트폰 게임을 하라는 것이 아닙니다. 집 근처 놀이터, 학교 운동장 등에서 마음껏 뛰어놀고 좋은 음악을 듣고 축구를 하며 부모와 보드게임을 하는 등 친구, 가족, 다른 사람과 어울리고 놀게 해야 합니다. 놀이를 통해 자신이 좋아하는 것을 발견하게 되기도 합니다.

둘째, 다양한 체험을 해보도록 지원해주고 관심을 가지고 기다려주세요. 관심사는 아무것도 하지 않으면 발견되지 않습니다. 스스로 해봐야 흥미가 생깁니다. 체험해보지 않고는 알기 어렵습니다. 아동기는 너무 어리기 때문에 커서 무엇이 되고 싶은지 알지 못합니다. 단지 좋아하는 일과 싫어하는 일을 파악하기 시작하는 단계입니다.

아이가 초등학생이라면 국어, 영어, 수학만 강조할 것이 아니라 예체능과 함께 요리, 동식물 기르기, 답사 활동 등 이것저것 열심히 해보게 시간을 주고 지켜봐야 합니다. 아이가 처음 자신의 관심사를 발견했을 때 지속할 수 있는 일인지 인내심을 갖고 지켜봐주세요. 보통 지속할 수 있는 일의 판단 기준은 6개월 정도입니다. 아이가 6개월 이상 해보았을 때 더 꾸준히 배워보고 싶은지 그만두고 다른 것을 해보고 싶은지 아이와 대화 후에 결정하면 됩니다.

셋째, 아이가 관심사를 발견했다면 보상을 제공해주세요. 여기서 보상은 꼭 돈을 이야기하는 것이 아닙니다. 보상에는 부모님의 진심어린 격려와 칭찬이나 개인적 만족감, 행복감이 있습니다. 주변 어른들의 격려나 보상이 아이들에게는 행복감과 자신감, 안정감을 줍니다,

간혹 한 가지 일에만 몰두하지 않고 이것저것 열심히 해보겠다는 아이들도 있습니다. 중간에 포기하지 않고 6개월 이상 할 수 있는 일들이라면 지원하면서 지켜봐주세요. 한 번에 꼭 하나의 일에만 몰두해야 끈기와 열정이 길러지는 것이 아닙니다.

대부분의 많은 성공한 사람들은 여러 가지 일에 상당한 시간을 쏟고

수많은 시행착오를 통해 탁월한 능력을 발휘할 수 있는 직업을 가졌습니다. 어리면 어릴수록 몹시 힘든 일이라 해도 자신과 다른 사람들을 위해 중요한 일을 시도하고 그것을 잘 해낼 때 느끼는 만족감을 경험하는 것이 중요합니다.

우리 아이들은 아인슈타인이 되려고 물리학을 공부하거나 모짜르트가 되려고 피아노를 연습하지 않습니다. 다만 자신이 끈기와 열정을 가지고 해낸 일이 스스로에게, 또는 주변 사람들에게 도움이 될 때 찾아오는 기쁨을 깨닫기를 바랍니다. 이 아이들은 스스로의 가치를 알고 세상에 도움을 주는 멋진 어른으로 성장하게 될 것입니다.

※ 사.자.교육(사람다움 자녀교육) 핵심 노트

아이들의 끈기와 열정을 키워주려면 마음껏 뛰어 놀고 친구와 어울릴 시간을 주세요. 다양한 체험을 해보도록 지원하는 것도 좋습니다. 아이가 흥미나 관심사가 생겼다면 격려와 보상을 주세요. 단, 일단 시작하면 6개월 이상 꾸준히 해보기로 아이와 약속해야 합니다.

로봇과 공존하기 위한 가장 중요한 열쇠, 성품 교육

한동안 MBTI가 유행했습니다. 그런데 이런 종류의 성격 검사나 다양한 심리 검사들은 정확히 말하자면 통계로 인한 경향성과 평균적인 양상을 수치화했을 뿐 개인마다 가지고 있는 성향을 모두 반영할 수 없고 정확하지 않습니다. 게다가 도덕성이나 인간성에 해당하는 성품은 수치화하기 어렵습니다. 사전을 찾아보면 성품은 사람의 성질이나 됨됨이라고 나옵니다. 성품은 인간성이라고도 할 수 있습니다.

성품(인간성) 교육이 중요한 이유

인간을 인간답게 해주는 최소한의 필수적인 3가지 성질이 있습니다. 이제는 디지털 혁명 시대라고 하죠? 수많은 로봇들과 함께 살아갈 아이들에게는 성품이 아주 중요한 정체성이 될 것입니다.

인간성의 3가지 요소 중 첫 번째는 사고하는 능력입니다. "나는 생각한다. 고로 존재한다." 라는 데카르트의 유명한 말도 있죠? 두 번째는 감성, 즉 감정적 성향입니다. 인간은 기계와 달리 슬프면 울고 기쁘면 웃습니다. 다른 사람의 감정에도 공감할 수 있는 능력도 인간만의 고유한 인간성입니다. 마지막으로 이성과 감성을 동원해서 선택하고 행동하는 자유 의지입니다. 이 3가지로 이루어진 총체성이 바로 성품입니다. 그래서 내 생각을 어떻게 표현할지 선택하고 내 감정을 어떻게 드러낼지 선택하는 과정을 거쳐서 내 자유 의지로 표출하는 것이 그 사람의 성품이 됩니다.

둘째 아이는 막내라서 그런지 애교도 많고 본능적으로 사랑받는 법을 아는 것 같습니다. 그런데 가끔 거짓말을 해서 어떻게 교육해야 할지 많이 고민했던 경험이 있습니다. 예를 들면 남매끼리 다툼이 있어서 훈육하고자 이야기를 따로 들어보면 본인의 잘못을 감추느라 없던 이야기를 하거나 있던 일을 없던 일로 이야기한 적이 있습니다. 우리 집 둘째뿐만 아니라 실제로 초등학교에서도 많은 아이들이 이러한 방법을 쓰곤 합니다. 순간적으로 혼나거나 불편한 상황을 모면하고 싶어 하죠. 흔한 일입니다.

저는 아이에게 용기와 정직이라는 성품을 알려주고 싶었습니다. 그리고 처음에 아이가 거짓말을 했을 때 화를 내면서 나무랐던 일을 돌아보게 되었습니다. 제가 너무 화를 내서 그랬는지 아이가 혼날까 봐 무서워서 거짓말을 했다고 하더라구요. 그래서 혼날 것 같더라도 솔직하고 용기 있게 잘못을 말하면 아빠는 절대로 화내지 않겠다고 아이와 약속을 했습니다.

물론 아이는 요새도 가끔 사소한 거짓말을 합니다. 사탕을 하나만 먹기로 해놓고 두 개를 먹는다든지, 5시까지만 놀기로 해놓고 오지 않아서 5시 30분에 놀이터에 찾으러 가기도 하죠. 그런데 예전보다 사소한 거짓말을 하는 것이 줄어들었습니다. 그리고 "잘못했어요, 아빠." 하고 잘못을 인정하는 횟수도 늘어났습니다. 그래서 저는 성품 교육이 어릴수록 중요하고 또 성품은 교육하는 것이 가능하다고 확신하게 되었습니다.

아이를 어떻게 훈육하는지에 따라서 성품은 달라지고 변합니다. 성품 교육을 통해 아이들에게 가장 좋은 것을 선택하는 능력, 더 나아가 삶의 의미를 가장 좋은 것에 두고 그것을 선택하면서 살도록 하는 능력을 길러주어야 할 것입니다.

특히 앞으로 사회의 변화 속도도 빠르고 그와 함께 선택과 결정의 책임도 많아질 것입니다. 편한 선택의 유혹, 욕망이나 쾌락의 유혹이 오더라도 선한 것을 선택하도록 하는 능력, 불편해지고 곤경에 빠질지라도 거짓보다는 진실을 선택하도록 하는 능력을 어릴 때부터 길러주면 좋겠습니다.

미래에 더 중요해질 가정 교육

성품 교육의 시작은 가정에서부터입니다. 가정 교육은 100년 전에도 중요했고 100년 후에도 중요할 것입니다. 가랑비에 옷이 젖듯이 제가 앞에 말씀드렸던 여러 가지 훈육의 방법을 바탕으로 아이들이 올바른 성품을 갖도록 지도해주세요. 아이가 가정에서 부모에게 받는 성품 교육은 그 어떤 로봇이나 스마트 기기도 대신 해줄 수 없습니다.

"교육의 목적은 기계를 만드는 것이 아니라 인간을 만드는 데 있다."

장 자크 루소의 말입니다. 가정에서 성품 교육을 할 때 시작은 부모님들께서 거울이 되어 먼저 보여주세요. 그리고 아이가 좋은 태도와 가치들을 이해하도록 인내심을 갖고 설명해주세요. 포기하지 않고 가정에서부터 꾸준히 성품을 교육한다면 아이들의 마음속에 있는 선한 품성들이 잘 자라게 될 것입니다. 좋은 성품으로 자란 아이들이 변화 속에서 혼란할 수 있는 미래 사회에서 질서를 만들고 또 행복한 세상을 만드는 데 앞장서리라 믿습니다.

※ 사.자.교육(사람다움 자녀교육) 핵심 노트

성품은 사고하는 능력, 공감하는 능력, 자유롭게 선택하는 의지가 합쳐진 인간 고유의 특성입니다. 성품 교육은 가정 교육에서 시작됩니다. 여러 가지 훈육의 방법을 바탕으로 아이들이 올바른 성품을 갖도록 지도해주세요. 가정에서 부모님께 받는 성품 교육은 그 어떤 로봇이나 스마트 기기도 대신 해줄 수 없습니다.

아이 교육을 위해 더 좋은 환경으로 이사 가야 할지 고민이라면?

미래에는 지금보다 시공간의 경계가 느슨해질 것입니다. 그래서 시골 마을에 사는 안나와 도시에 사는 케빈이 함께 화상 수업에 참여할 수도 있고 도서관에 가지 않아도 스마트 기기를 통해 양질의 정보를 얻을 수도 있을 것입니다. 반대로 빈부격차가 더욱 심해지고 도시로의 인구 이동 현상이 심해질 것이라는 예측도 있습니다. 각종 디지털 및 첨단기술의 혜택 때문이죠. 어떻게 변할지 아무도 모릅니다. 그래서 저는 어쩔 수 없이 이사 가야 하는 것이 아니라면 현재 있는 그곳에서 열심히 하게 하는 것이 좋다는 생각입니다.

중요한 것은 여기서 잘하는 사람이 저기서도 잘한다는 것입니다. 물론 맹모삼천지교, 근묵자흑이라는 옛말이 아주 틀린 말은 아닙니다. 아이들이 어리면 어릴수록 주변 환경의 영향을 받기가 쉽습니다. 하지만 지금 환경적인 어려움 때문에 스트레스를 받는다면 또 다른 환경에 가서도 또 다른 종류의 어려움과 마주하게 될 수 있습니다. 인생에서 다양한 어려움은 여기저기에 있고 갑자기 나타납니다. 차라리 어려움과 좌절을 어디서든 미리 경험해보는 것도 좋습니다.

중요한 것은 꺾이지 않는 마음

어떤 환경에서든지 하루하루 최선을 다해 사는 부모님의 등을 보고 자란 아이들은 결국 부모님의 거울이 되는 것을 자주 지켜보았습니다. 누구나 똑같이 쓰디쓴 실패나 좌절은 맛볼 수 있을 것입니다. 잘못된 선택과 행동으로 큰 후회도 할 수도 있습니다. 중요한 것은 피하지 않고 어려움을 해결하거나 극복하는 경험입니다. 이런 경험을 통해 스스로 문제해결 능력도 키울 수 있습니다.

오히려 부모님의 지나친 통제나 개입에 의해 온실 속의 화초처럼 자란 아이들은 어른이 되어 문제가 생기기도 합니다. 한국의 강남 8학군이나 미국 밀번(Millburn) 같이 흔히 말하는 좋은 환경에서 자랐다고 하더라도 사소한 실패나 좌절에 잘 대처하지 못하거나 마마보이 증후군, 선택장애 등의 정신적 문제가 생기기도 합니다. 한때 금수저, 흙수저라는 용어가 등장해 사회적으로 논란이 있기도 했습니다. 흙수저로 태어난 아이들은 그럼 평생 흙수저로 살아야 했을까요? 인생의 장애물이나 어려움이 있을 때마다 '나는 흙수저라서 그래.', '내 환경이 좋지 못해서 그래.', '부모님이 돈이 많지 않아서 그래.', '좋은 환경에서 자랐다면 나도 할 수 있었을 텐데….' 등등 수저 색깔이나 내 주변 환경을 탓하는 것밖에 할 수 없었을까요? 그렇지 않았습니다.

지금도 많은 아이들이 문화 혜택이 부족한 시골마을에서도, 학교 폭력이 일어난 학교에 다니면서도 씩씩하고 멋지게 잘 성장하고 있습니다. 앞으로 급변하는 사회를 살아갈 우리의 아이들은 주어진 환경에서 어려움이 있더라도 해결책을 찾고 최선을 다해 이겨낼 수 있는 아이들로 자랐으면 좋겠습니다.

※ 사.자.교육(사람다움 자녀교육) 핵심 노트

직장 문제 등 어쩔 수 없이 이사를 가야 하는 것이 아니라면 현재 있는 그 곳에서 열심히 하게 하는 것이 좋습니다. 중요한 것은 꺾이지 않는 마음, 피하지 않고 어려움을 해결하거나 극복하는 경험입니다.

에필로그

마지막 당부, 어떤 변화에도 흔들리지 않는 용기 있는 아이들로 키워주세요

제 아이들은 괴물 놀이를 좋아합니다. 엄마, 아빠는 괴물 또는 용이고 아이들은 괴물과 맞서 싸우는 왕자나 공주, 정의의 영웅들 역할입니다. 등 위에 올라타기도 하고 때로는 장난감 칼이나 방패를 들고 맞섭니다. 용은 옛날부터 신화나 동화, 현대에 이르러서는 영화나 애니메이션의 단골 소재로 등장하는 신비하고도 미스테리한 존재입니다. 용은 영화 〈반지의 제왕〉에서처럼 보물을 지키는 탐욕스러운 괴물일 수도 있고 〈드래곤 길들이기〉나 〈드래곤볼〉에서처럼 인간을 도와주고 인간의 소원을 들어주는 선한 존재일 수도 있습니다.

조던 피터슨의 책 『인생의 12법칙』에는 〈말레피센트〉 영화 이야기가 나옵니다. 저도 책과 영화에서 영감을 얻게 되었습니다. 이 영화는 고전 동화인 〈잠자는 숲속의 공주〉를 모티브로 하고 있습니다. 〈잠자는 숲속의 공주〉 이야기는 잘 아실 겁니다. 영화에는 동화의 뒷부분을 상상력을 동원해 재미있게 풀어낸 장면이 나옵니다. 공주를 구하려던 왕자는 요정들의 도움을 받아 지하 감옥에서 탈출합니다. 여왕은 도망가는 왕자를 보고 화가 나서 불을 쏘더니 갑자기 불을 뿜는 거대한 용으로 변신했습니다.

저는 아이들을 재울 때 동화책을 읽어주곤 합니다. 하필 왕자나 괴물이 등장하는 동화책을 읽어준 날은 어김없이 저에게 장난을 칩니다. "아빠, 저기 괴물이 숨어 있어." 아이들도 어둠 속에는 언제든지 괴물이 숨어 있을 수 있다는 상상을 할 수 있습니다. 영화 〈말레피센트〉 이야기로 다시 돌아와보면 왕과 왕비가 간절히 원했던 공주가 태어났을 때 큰 잔치를 벌이는 장면이 나옵니다. 하지만 악의 여왕은 초대하지 않았습니다. 그러나 결과적으로 보면 말레피센트는 어떤 식으로든 나타났습니다. 온실 속 화초처럼 곱게 자란 아이들은 갑자기 생기는 위험한 일들에 맞설 수 없습니다. 급변하는 미래 사회에서 언제든지 예기치 못한 어려움이 생기더라도 스스로 극복하는 힘을 길러주자는 이야기를 하기 위해 책과 영화 이야기를 인용했습니다. 부모로서 아이들에게 가장 먼저 가르쳐야 할 품성은 바로 용기가 아닐까 합니다.

〈인간극장〉이라는 다큐멘터리 TV 프로그램이 있습니다. 역경을 극복한 많은 사람들의 이야기가 나오는데요. 인생에서 만나는 예기치 못한 불행, 고난을 경험하면 스스로 피해자라고 느끼는 경우도 있었습니다. 하지만 모든 사람이 자신을 피해자나 희생자로 여기는 것은 아니었습니다. 살면서 회복을 바랄 수 없을 정도로 깊은 상처를 입었으면서도 분노하거나 원망하는 것에서 그치지 않고 극복해내는 사람들도 많았습니다. 아무리 뛰어난 사람, 잘난 사람이라도 변덕스럽고 예상하지 못한 일들을 불시에 겪기도 했습니다.

성경에 보면 욥이라는 인물이 있습니다. 부유하고 가정도 잘 꾸려갔으며 직업도 탄탄했던 인물입니다. 그런데 하루아침에 화재로 전 재산을 잃고 가족이 죽고 아내가 떠났으며 질병도 겪습니다. 그의 삶은 억울한 일과 분노할 일들로 가득했습니다. 하지만 욥은 불을 지른 사람을 찾아 복수하려 하거나 상황을 원망하기보다는 묵묵히 폐허가 된 집을 정리하고 가족의 장례를 지냈습니다. 그리고 하나하나 무너지고 부서진 삶의 부분들을 고쳐나갔습니다. 절망에 굴복하지 않고 예기치 않게 일어난 고난에 맞섬으로 삶을 용기 있게 꾸려나간 것입니다.

아이들에게 용기를 심어주세요

용기는 나태와 태만함에서 벗어나는 행동이라고 합니다. 또한 두려움이 없는 것이 용기가 아니라 두렵거나 어려운 상황에서도 피하지 않고 맞서거나 정면 돌파하는 능력이기도 합니다.

용기 있는 아이들로 키우기 위해 부모가 해야 할 행동 첫 번째는 아이들의 자율성을 키워주는 것입니다. 가정에서 자율성을 키우기 위한 가장 효율적인 방법 중 하나는 집안일 하기입니다. 특히 자기 방을 청소하는 습관을 기르는 것은 매우 좋은 방법입니다. 아이들을 용기 있게 키워야 하는데 갑자기 무슨 방 정리를 하라는 이야기일까요? 영화 〈300〉에서처럼 당장 전사가 될 준비를 하는 신체 훈련을 시켜야 하지 않을까요? 아닙니다. 방 정리나 자기 주변을 청소하는 것은 아이가 스스로 할 수 있는 일들 중에 가장 쉽고 가장 성취감을 빨리 얻을 수 있는 일이기 때문입니다. 큰일을 하려면 먼저 작은 일부터 시작해야 한다는 말도 있죠? 아이들이 온전히 스스로 해결할 수 있는 일들부터 차근차근 처리해나가는 연습이 필요할 것입니다. 어질러진 책상을 치우고 방바닥에 너저분한 옷가지를 정리하도록 아이들에게 시간을 주고 격려해 주시면 어떨까요? 단, 처음부터 잘하는 아이는 없을 것입니다. 아이의 현재 모습을 보지 마시고 앞으로 성장할 모습에 초점을 맞춰보세요.

아이가 스스로 정리하는 습관을 갖기 시작했다면 다음 단계는 아이에게 울타리를 제공하는 것입니다. 울타리란 가족 회의나 아이와 소통과 대화를 통해 함께 정한 규칙입니다. 아이가 자율성을 갖기 위해서는 어디까지 허용이 되는지 구체적인 경계가 필요하기 때문입니다. 예를 들어보겠습니다. 혼나기 싫어서 거짓말하는 비겁한 행동은 울타리 밖 행동입니다.

정직하게 행동하기를 규칙으로 정했다면 남을 탓하는 버릇, 양심에 찔리는 행동도 울타리 안에서는 허용되지 않을 것입니다. 아이들이 자기가 가지고 놀았던 장난감을 스스로 치운다는 규칙을 잘 지킨다면 아이는 자유를 누릴 수 있습니다. 아이가 거실에서 너저분하게 어지럽히고 놀았나요? 괜찮습니다. 놀고 나서 스스로 치우려고 노력한다면 아이는 울타리를 잘 알고 있다는 것입니다. 행동의 경계 즉, 아이가 울타리 안에서는 마음껏 해보도록 자율성을 주되 하면 안 되는 행동의 경계는 확실하게 알려주는 것입니다. 행동의 경계를 이해하고 선을 넘지 않는 연습을 작은 것부터 차근차근한다면 아이들은 하기 싫거나 어려운 상황이 생기더라도 용기 있게 행동하고 행동에 책임감 있는 어른으로 자라날 것입니다.

두 번째는 나쁜 습관 버리기입니다. "세 살 버릇 여든 간다."라는 속담이 있을 정도로 어릴 때 버릇과 습관은 매우 중요합니다. 나쁜 습관이나 버릇을 고치기 위한 가장 효율적인 방법으로는 하루에 한 번 또는 일주일에 한 번씩 있었던 일들을 되돌아보고 다른 사람들 앞에서 다짐을 '공언'하는 방법이 있습니다. 콜버그의 도덕성 발달 이론에 따르면 실제로 나쁜 습관을 고칠 때 여러 사람 앞에서 다짐한 것들을 이야기하는 것이 매우 효과가 있다고 합니다. 가족들과 가족 회의나 평소 대화 등을 통해 스스로 고쳐야겠다고 다짐한 나쁜 습관을 나누고 이야기하면 효과적일 것입니다.

내성적인 아이라면 아이와 함께 일기를 써보거나 남에게 보여주지 않더라도 스스로 성찰 일지 등을 기록하게 하는 방법도 좋습니다. 아이들의 개성과 상황에 맞게 나쁜 습관들을 정리하도록 도와주시면 좋겠습니다. 나쁜 습관을 정리할 때 점차 작은 것에서 큰 것으로 옮겨가는 전략을 추천합니다. 예를 들면 손톱을 물어뜯는 버릇, 정해진 시간 이외에도 몰래 스마트폰을 하는 버릇, 혼나기 싫어서 거짓말을 자주하는 버릇 등은 좋지 않은 습관입니다. 이런 습관들은 빨리 정리하는 것이 좋습니다. 미래 역량들을 기르려면 구체적인 목표와 시간이 필요한데 이런 나쁜 습관들은 방해가 될 것이기 때문입니다. 아이가 나쁜 습관들을 하나하나 개선해 나가고 하루하루 최선을 다하는지, 분노와 원망 때문에 할 일을 못한 적은 없었는지 점검하도록 아이들을 격려해주세요.

아이들이 모험심을 느끼기 가장 쉬운 장소는 동네 놀이터입니다. 아이가 적절한 나이가 되었다면 놀이터에서 혼자 정글짐을 오르고 혼자 미끄럼틀을 타보게 해주세요. 그렇다고 아이를 방관하라는 말이 아닙니다. 부모님은 아이에게 혼자서도 잘 해낼 수 있다는 칭찬과 격려를 해주는 것입니다. 설령 아이가 넘어지더라도 스스로 일어날 수 있도록 기다려주세요. 스스로 어려운 것과 부딪혀 성공한 경험을 축적한 아이들은 회복탄력성을 갖게 될 것입니다. 그리고 회복탄력성이 튼튼한 아이들은 어려운 일 앞에서 '난 무기력 해. 난 별로 중요한 사람이 아니야. 포기해도 상관없겠지.' 하는 생각으로 빠지지 않을 것입니다.

아이들이 아주 작은 성취감이라도 지속적으로 느끼게 해주세요. 일상에서 작은 일에도 성취감을 느끼게 하려면 어떤 방법이 있을까요? 성공한 사람들의 루틴을 모아놓은 『타이탄의 도구들』이란 책에는 아침에 일어나자마자 할 수 있는 가장 쉬운 성취가 이불 정리라는 내용이 있습니다. 이 이야기는 어른뿐만 아니라 아이들에게도 유용할 것입니다.

일어나자마자 바로 자리를 박차고 나오기 전에 이불과 베개를 가지런히 하도록 해보세요. 매일 하루를 작은 성취감으로 시작할 수 있습니다. 또 다른 방법으로는 푸쉬업(팔굽혀펴기)을 하루에 최소한 한 번 이상 하는 것입니다. 팔굽혀펴기 한 번은 아이들도 남녀노소 가리지 않고 누구나 가능할 것입니다.

책을 읽는 것도 마찬가지입니다. 목표는 하루에 한 문장입니다. 그리고 차츰 스스로 분량을 늘려보는 것이죠. 오늘 한 문장 읽었다면 다음 주는 두 문장, 이런 식으로 반복하면 한 쪽, 한 권으로 성취감이 쌓이게 될 것입니다. 운동을 좋아하는 아이라면 하루 줄넘기 1번 성공하기로 시작해서 차츰 꾸준히 시간과 횟수를 늘려간다면 이 방법도 좋습니다. 아이가 작은 성취들을 지속적으로 쌓도록 격려하고 도와준다면 아이는 용기 있는 품성을 지닌 아이로 자랄 것입니다.

마지막으로 재차 드리고 싶은 말씀은 아이들이 삶의 의미를 찾도록 동기를 부여해주는 것이 중요하다는 말입니다. 이타적으로 행동하는 것의 의미, 사랑하는 것들을 위해 기꺼이 시간을 희생하고 책임감을 갖는 것의 의미를 발견하도록 도와주세요. 아이들도 외부 환경에 흔들리지 않고 스스로 해야 할 일들을 차근차근 성취한다면 하루하루가 점점 충만해지는 것을 경험할 것입니다.

종잡을 수 없을 정도로 급변하는 미래를 앞두고 있습니다. 하지만 너무 걱정하지 않으셨으면 좋겠습니다. 어떤 환경과 상황에서도 AI를 초월한 따뜻한 품성과 지혜로운 역량을 갖추고 용기 있게 미래를 개척하는 멋진 아이들로 키워내시리라 믿고 응원하겠습니다.

참고문헌

『10~15세 미래진로로드맵』, 최연구, 물주는아이
『2025 미래교육 대전환』, 김보배, 길벗
『포스트 메타버스』, 우운택, 포르체
『미래 사용 설명서』, YTN사이언스, 다온북스
『메타버스 시대 배움의 미래』, 리수핑, 보아스
『메신저가 온다』, 박현근, 바이북스
『언택트 교육의 미래』, 저스틴 라이시, 문예
『현명한 부모는 아이를 느리게 키운다』, 신의진, 걷는나무
『오늘하루가 힘겨운 너희들에게』, 오은영, 녹색지팡이
『초등공부, 독서로 시작해 글쓰기로 끝내라』, 김성효, 해냄
『읽기혁명』, 스티븐 크라센, 르네상스
『스웨덴 엄마의 말하기 수업(아이의 자존감을 높이는 스칸디식 공감 대화)』, 페트라 크란츠 린드그렌, 북라이프
『프랑스 아이처럼』, 파멜라 드러커맨, 북하이브
『공부머리독서법』, 최승필, 책구루
『12가지 인생의 법칙(혼돈의 해독제)』, 조던 피터슨, 메이븐
『GRIT 그릿 : IQ, 재능, 환경을 뛰어넘는 열정적 끈기의 힘』, 앤젤라 더크워스, 비즈니스북스
『하루 15분 책 읽어주기의 힘』, 짐 트렐리즈, 북라인
『기브 앤 테이크 : 주는 사람이 성공한다』, 애덤 그랜트, 생각연구소
『마시멜로 테스트 : 스탠퍼드대학교 인생변화 프로젝트』, 월터 미셸, 한국경제신문
『뇌과학자의 특별한 육아법』, 니시 다케유키, 길벗
『나중에 후회 없는 초등 학부모 생활』, 해피이선생, 사람인
『초등 공부 습관 바이블』, 하유정, 한빛라이프
『굿바이 게으름』, 문요한, 더난출판
『타이탄의 도구들』, 팀 페리스, 토네이도
『150년 하버드 글쓰기 비법』, 송숙희, 유노북스

참고자료

교육부에서 발표한 미래교육 전환을 위한 10대 정책과제
국민과 함께하는 미래형 교육 과정 추진 계획(안) – 교육부(2021.4.)
장래인구 특별추계(통계청, 2020)